石灰石—石膏湿法 烟气脱硫系统

仿真培训教材

大唐环境产业集团股份有限公司　编著

中国电力出版社
CHINA ELECTRIC POWER PRESS

内容提要

本书依托中国大唐集团南京环保培训基地 600MW 燃煤火电机组石灰石—石膏湿法脱硫 STAR-90 实时仿真系统，详细介绍了 600MW 燃煤火电机组石灰石—石膏湿法脱硫系统仿真软件的使用及仿真机组运行操作，通过对脱硫系统设备启停及事故处理等操作的步序讲解，着重实操培训，提供大量实际操作及事故处理题库，可指导新上岗的运行人员各种工况下脱硫系统启停操作、正常运行调整的培训，提高其正确判断、处理事故的能力。同时，也可用于技术管理人员和在职运行人员相关技能的继续教育和提升，为脱硫系统优化运行、安全经济分析提供有效手段，对脱硫系统运行调试也具有一定的指导作用。

图书在版编目（CIP）数据

石灰石—石膏湿法烟气脱硫系统仿真培训教材／大唐环境产业集团股份有限公司编著.
—北京：中国电力出版社，2019.5
ISBN 978-7-5198-3154-7

Ⅰ．①石…　Ⅱ．①大…　Ⅲ．①火电厂—石灰石—湿法脱硫—烟气脱硫—系统仿真—技术培训—教材②火电厂—石膏—湿法脱硫—烟气脱硫—系统仿真—技术培训—教材　Ⅳ．①X773.013

中国版本图书馆 CIP 数据核字（2019）第 095218 号

出版发行	中国电力出版社
地　　址	北京市东城区北京站西街 19 号（邮政编码 100005）
网　　址	http：//www.cepp.sgcc.com.cn
责任编辑	安小丹（010-63412367）　郑艳蓉
责任校对	黄　蓓　太兴华
装帧设计	赵丽媛
责任印制	吴　迪

印　　刷	三河市百盛印装有限公司
版　　次	2019 年 6 月第一版
印　　次	2019 年 6 月北京第一次印刷
开　　本	787 毫米 ×1092 毫米　16 开本
印　　张	13.25
字　　数	258 千字
印　　数	0001—2500 册
定　　价	65.00 元

《石灰石—石膏湿法烟气脱硫系统仿真培训教材》

编审委员会

前 言   PREFACE

  随着环境保护要求的不断提高以及燃煤电厂环保设施超低排放改造，对烟气脱硫运行维护的要求也越来越高。从事脱硫运行岗位的一线生产人员需要通过仿真机系统模拟练习提高运行操作技能及事故处理能力。为此，大唐环境产业集团股份有限公司组织行业内具有丰富经验的专家、学者、工程技术人员等精心编写了这本《石灰石—石膏湿法烟气脱硫系统仿真培训教材》。

  本仿真培训教材依托大唐集团南京环保培训基地 600MW 燃煤火电机组石灰石—石膏湿法脱硫 STAR-90 实时仿真系统。该仿真系统涵盖了石灰石—石膏湿法脱硫各典型子系统，能准确模拟脱硫系统的动、静态过程。操作人员可以在仿真机上实现脱硫系统整体启、停操作，各子系统独立启停操作，以及各种异常和事故处理操作。

  本教材详细介绍了 600MW 燃煤火电机组石灰石—石膏湿法脱硫系统仿真软件的使用及仿真机运行操作，通过对脱硫系统设备启停及事故处理等操作的步序讲解，着重实操培训，提供大量实际操作及事故处理题库，可指导新上岗的运行人员各种工况下脱硫系统启停操作、正常运行调整的培训，提高其正确判断、处理事故的能力。同时，也可用于技术管理人员和在职运行人员相关技能的继续教育和提升，为脱硫系统优化运行、安全经济分析提供有效手段，对脱硫系统运行调试也具有一定指导作用。

本书共五章，由江澄宇担任主编，竺森林、姚学忠担任副主编，王力光担任主审。第一、第二章由竺森林、边成利、卫耀东、马利君、赵海江编写；第三章由江澄宇、竺森林、马利君、杨斌、孙瑞华编写；第四章由姚学忠、闫欢欢、刘绍伟、彭涛、张超编写；第五章由闫欢欢、杨斌、姚贵忠编写。曹书涛、王铁民、田晓曼、王刚、王炜、杨涛、张锐、王鸿宇参加书稿的会审。同时邀请国内知名电力设计院、科研院等相关专家以及多名电厂生产技术人员审阅，提出了大量的宝贵意见，在此深表谢意。

由于水平所限，加之时间仓促，书中存在的不足之处恳请广大读者批评指正。

编者

2019 年 4 月

目 录 CONTENTS

1

第一章

仿真机简介

第一节 仿真机系统概述

一、STAR-90 仿真支撑系统概述

STAR-90 仿真支撑系统是面向连续工业过程仿真的集模型设计、开发、组态、调试、实时运行、维护、修改、扩充、数据库（模型）管理、网络通信以及整个系统运行和管理于一体的大型专业集群化的支撑系统软件。

二、仿真机的基本构成

仿真机主要由两大部分构成，即仿真机的硬件部分和软件部分。

（一）仿真机硬件

仿真机硬件系统主要包括主计算机、工程师／教练员站、DCS 操作员站、虚拟盘台、投影系统、就地操作站、I/O 接口、计算机网络交换机等。

（二）仿真机软件

仿真机软件系统主要包括计算机操作系统软件、仿真支撑系统软件、过程数学模型软件、工程师／教练员台功能软件、DCS 操作员站仿真软件、虚拟盘台软件、I/O 软件、其他功能软件等。

三、STAR-90 仿真支撑系统的主要功能

STAR-90 仿真支撑系统的主要功能为：
（1）以模块方式建模。
（2）在线、交互方式的模型修改方法。
（3）子模型的自动拼接功能。
（4）多窗口显示功能。
（5）虚拟盘台功能。

（6）灵活、丰富的教练员台功能。

第二节　仿真机 DCS 及就地系统操作的实现方式

一、仿真机的功能与用途

（一）培训运行操作人员

仿真机对 600MW 火力发电机组脱硫过程进行全面仿真。可用于火电机组脱硫运行人员的操作运行训练，如脱硫系统启停、正常运行、调整性操作等；可进行各种异常工况下的操作训练，如各种故障状态下的现象判断和事故处理等。

（二）验证湿法脱硫工艺已有规程的正确性、合理性

依靠本仿真控制系统可引导运行操作人员验证湿法脱硫工艺已有规程的正确性，检查可能修改规程的合理性。

（三）可进行最优运行方式的试验验证

仿真机作为一个试验平台，可用来进行不同方式的脱硫系统启停等操作模拟，可以监视各种过程运行参数和运行指标，通过对不同运行方式的仿真试验，寻求脱硫系统最优的运行方式。

二、仿真机的操作实现方式

（一）DCS 操作员站的实现方式

多台仿真操作员站运行相同的仿真软件，完全实现实际电厂脱硫操作员站的操作员功能，操作人员在此软件的支持下可方便监控脱硫系统模型的运行。操作员站画面显示、鼠标或键盘操作方式、子窗口弹出方式、数据刷新模式、曲线、棒图

显示等功能与实际机组脱硫 DCS 操作员站一致；I/O 点数、名称等与实际机组脱硫 DCS 操作员站一致；控制回路名称、控制逻辑与机组实际 DCS 操作员站一致。

DCS 操作员站作为该仿真系统对模型的操作界面，通过计算机网络与仿真系统主计算机中运行的控制模型数据库相连，从而实现二者之间的数据交换，完成机组脱硫 DCS 系统的仿真。

（二）就地操作站的实现方式

就地操作站仿真软件采用系统菜单级、系统流程图级、窗口对话控制级三级软件过程控制模式，可使操作员方便地实现就地操作的监视和控制功能。

系统菜单级：显示就地操作系统菜单，菜单框内包括系统图的名称。操作人员只需用鼠标点中所需的菜单框，即可调出相应的系统流程图。

系统流程图级：在系统流程图画面上用特有标记说明某些设备为就地操作，通过数据刷新、颜色变化、图形变换来实现就地操作的监视控制功能。操作人员可在有效区域内，用鼠标或键盘击中有效区域，进行就地操作，此时系统图被选中区域便相应出现一个就地操作点对话窗口，以使操作员实现对阀门、电动机等设备的操作控制。

窗口对话控制级：当出现对话窗口后，窗口中便显示出相应的操作设备（开关、按钮、操作器等）及其状态信息，操作员便可进行相应的操作或取消本操作；当确认操作后，恢复流程图，取消窗口同时实现就地操作点相关数据、画面的刷新。

2

第二章

仿真机系统界面功能和操作

第一节　仿真机系统的启动和退出

一、仿真机系统的启动

（一）服务器的启动

仿真软件的运行是基于网络和工作站组态的运行方式，其正常运行和操作需要服务器数据库支持，因此需先启动服务器仿真软件。具体步骤如下：

在服务器桌面上点击图标 "SinoSayHI 即时通讯"，输入相应用户名和密码，即可启动服务器分组管理员程序。

（二）教练员台的启动

1. 分组通讯工具的启动

在教练员台电脑桌面上点击图标 "SinoSayHI 即时通讯"，输入相应用户名和密码，即可启动教练员台管理员程序。

2. STAR-90 仿真支撑系统的启动

（1）教练员台操作员站的启动。

在教练员台电脑桌面任务栏点击图标 "SinoSayHI 即时通讯"，在 "600MW 脱硫××组" 上点右键，选择 "STAR-90 控制"，在弹出的面板上选择 "启动 STAR-90"，调出教练员站界面（其他操作员站上只能启动监控程序，无法启动 STAR-90 主控机界面，见图 2-1）。点击 "快速启动" 图标（见图 2-2），等待 10s 左右，方框中信息出现变化，模型名 "TL01" 表示脱硫模型已装入完毕（见图 2-3）。

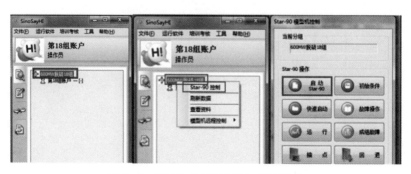

图 2-1　STAR-90 教练员台启动画面

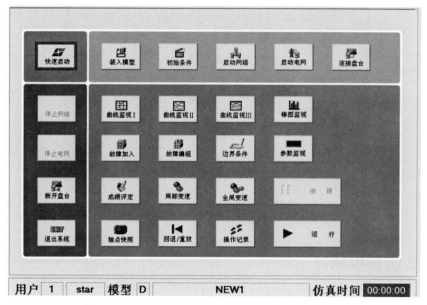

图 2-2　快速启动画面

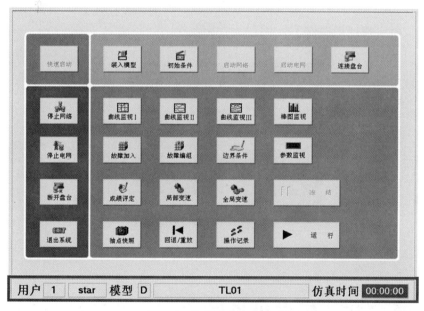

图 2-3　快速启动完成画面

（2）DCS 和就地站画面的启动。

点击图标 "SinoSayHI 即时通讯"，打开 "SinoSayHI 即时通讯" 软件，点击 "运行软件"，在下拉列表中选择需要启动的监控程序，选择启动 "600MW 脱硫 DCS" 和 "600MW 脱硫 LOC" 可分别启动 DCS 和就地站画面系统（见图 2-4）。

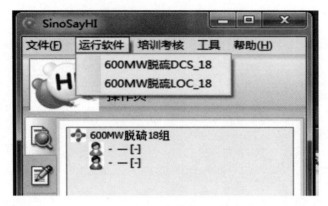

图 2-4　DCS 和就地站画面的启动

二、仿真机系统的退出

停止 STAR-90 仿真支撑系统。点击"SinoSayHI 即时通讯"窗口左上角"文件"，点击"退出"（见图 2-5），即可退出系统，关主控机电脑（学员听从管理员指令），关服务器（机房管理员操作）。

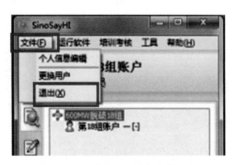

图 2-5　仿真机平台的退出画面

第二节　仿真机系统界面、功能块介绍

一、仿真机系统界面介绍

仿真机快速启动画面见图 2-6。

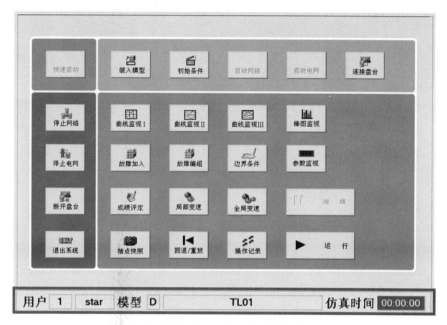

图 2-6　仿真机快速启动画面

1.快速启动的执行

"快速启动"按钮用来启动仿真机模拟系统，加载最基本参数。

2.数学模型的载入

"装入模型"按钮用来加载当前仿真系统运行基于的数学模型，双击该按钮可加载所需模型。使用教练员台的模型装入功能，教练员可装入模型，并对仿真机进行初始化。

3.初始条件的载入

"初始条件"按钮用来装入培训所需工况，鼠标左键点要装入的条件，双击后点确认。

本仿真机初始条件资源空间设定为 200 个。在这些初始条件资源空间中，教练员可以使用任何一个进行初始条件的存储或装入操作。

4.模型过程参量的监视功能

在教练员台上，可使用多种方式监视模型的运行，并且可构置所要监视的过程量。所有过程参量的监视是在线的，更新时间不大于 1s，根据变量监视的方式不同，可同时监视变量的个数也不同，但由于多窗口技术的应用，同时可调用多种过程量监视方式和多个过程量监视窗口。在各种过程量监视中均包括过程量的名称和其他相关信息。各种过程量的显示采用浮点格式，状态量的显示采用 ON/OFF 方式。过程量监视方式包括：

（1）多窗口多曲线过程量监视。

（2）单窗口多曲线过程量监视。

（3）棒图监视。

（4）过程量的参数监视。

（5）模型中所有过程量的监视。

（6）所有过程参量的变化曲线监视。

5. 故障加入

教练员可以随时加入和撤销仿真机的故障，这些故障可以单个加入，也可以多个同时加入。按引发故障的过程量类型可分为立即发生的逻辑故障和延时故障；按加入故障的多少可分为多个故障和单个故障；按故障的类型可分为设备故障和过程故障等。

对于逻辑故障，教练员可通过设置故障的逻辑量值即可加入故障；对于时间延迟故障，教练员可设置故障触发所等待的时间及持续时间；对于程度故障，教练员可设置故障发生的程度值，持续的时间长度和程度可由教练员根据需要任意设置。

教练员可在故障菜单中同时选择多个故障加入仿真机，所加入的故障同时进入仿真机的运行。

在故障显示窗口中显示着所有故障的描述信息，表示故障的意义，还包括教练员操作故障的窗口。教练员可在故障菜单显示窗口中进行各种故障操作，包括：

（1）加入故障。教练员可在故障菜单中选择任意单个或多个故障加入仿真机。对于已加入仿真机中的故障，系统实时显示故障发生的过程。

（2）撤销故障。教练员可随时撤销已加入仿真机中的单个或多个故障。当教练员撤销故障后，仿真机在故障撤销时的状态下继续运行。当装入新的初始条件时，仿真机自动清除所有加入的故障。

6. 故障编组

教练员除了可以向仿真机中加入故障，还可以利用已有的单个故障组合新的故障，从而形成一种新故障。成组故障是系统中相关的多个故障，教练员可以设置这些故障发生的时间先后或持续时间长短。

在该功能中，教练员可启动单个或多个故障，每个故障可手动启动、通过自动计时器延迟启动或由于某种条件满足而自动启动。对于某些故障的严重程度，可由教练员根据需要进行设置。

7. 模型的局部变速

使用该功能，教练员可控制模型的部分子过程以比实际至少快或慢数倍的速度运行，而其他子过程保持实时运行。STAR-90仿真支撑系统为用户设置了40个子过程的局部加速资源。一般而言，局部加速包括吸收塔补排水、工艺水箱补排水、备用石灰石浆液箱补排浆、事故浆液箱补排浆等过程（不限于此）。

8. 模型的全局变速

仿真机能够以实时（运行速度与参比电厂的实际过程是1:1）、快速（运行速度比参比电厂的实际过程快）和慢速（运行速度比参比电厂的实际过程慢）方式运行。教练员可以控制仿真机以比实际快或慢数倍的速度运行，并且在教练员台上显示仿真机所运行的速度。在仿真机的运行速度改变时，可保持仿真模型的稳定运行。

9. 抽点功能

该教练员台功能可实现仿真机的定时抽点和手动抽点，定时抽点的时间间隔可由教练员设置。当教练员使用该功能时，系统将仿真机的当前状态以另一种形式的初始条件存储到磁盘，并可保存。教练员可随时进行抽点操作，并且该操作对仿真机的状态没有任何影响。当仿真机处于冻结状态时，支撑系统不再自动进行抽点操作。

10. 回退／重放功能

回退是使仿真机退回到以前的某一状态。使用该功能，教练员可设置仿真机的状态到所记录的任何一个历史点。

在回退功能形式窗口中，显示抽点记录的序号、实际时间和仿真机运行时间，教练员可根据需要进行回退选择，通过操作按钮可将仿真机的状态回退到所选择的状态；回退操作的次数是无限制的，教练员可根据需要进行多次或重复同样的操作；回退的时间可在30s~2h之间，由教练员自由选择；当教练员进行回退操作时，类似于教练员装入初始条件。

11. 事件记录功能

事件记录功能是记录仿真机运行过程中一些信息。支撑系统可实时记录教练员所作的部分操作和学员所作的所有操作，这些操作包括盘台操作、DCS操作员站操作和就地操作站的操作，还包括抽点存储操作的相关信息。支撑系统可重新演示已记录的历史操作过程。使用该功能，学员可以观看自己的操作过程。

12. 模型的运行 / 冻结控制

使用该功能，教练员可随时冻结或运行模型。当模型处于冻结状态时，模型中的所有过程参量数值均保持最后一次运行的结果不变。教练员可以在任何时候解除模型的冻结状态，教练员使用教练员台上的操作按钮使仿真机解除冻结状态，进入运行状态；在仿真机处于冻结状态时，教练员可以选择设置任一初始状态，也可以进行回退操作，改变仿真机的状态。点"运行"键，仿真时间开始计时，底色由红色变为绿色；点"冻结"键，仿真时间停止，底色由绿色变为红色。冻结后 DCS 和就地画面数据停止变化，无法操作。

13. 外部参数设置功能

教练员可根据实际培训的需要，随时设置模型的外部参数。教练员可使用 STAR-90 仿真支撑系统的功能进行外部参数的设置，其设置方法与故障的操作过程完全相似，可通过鼠标操作随时进行修改外部参数。

二、仿真机系统主要功能块使用

（一）教练员台功能

教练员台是控制培训、监视培训过程和结果的控制中心。教练员使用教练员台功能可方便地控制和监视学员的操作；可根据学员的业务能力选择组合培训项目；可借助于教练员台功能访问实时数据库的任何项目；通过键盘或鼠标可以文字、数据、表格、图形等形式在彩色 CRT 上进行各种显示。

（二）初始条件的装入 / 存储

初始条件的载入如图 2-7 所示。

点击"初始条件"按钮装入所需工况。鼠标左键双击要装入的条件，弹出对话框后点击"确定"，完成后点击"运行"，仿真时间开始计时，底色由红色变为绿色。若点击"冻结"，仿真时间停止，底色由绿色变为红色。冻结后 DCS 和就地画面数据停止变化，无法操作。

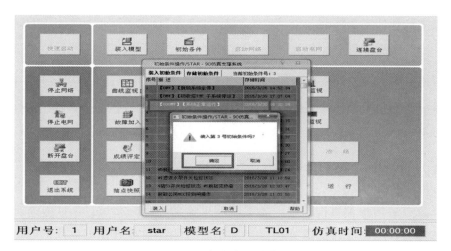

图 2-7　初始条件的载入

（三）单个故障的加入

点击菜单中的"故障加入"键（或教练员站 ），即出现如图 2-8 所示的画面操作：可以选择机务或电气类，也可按系统选择。如图选择"全部"故障就出现全部故障。在选择要添加故障的最后一列为"状态"，鼠标右键点击出现"执行"和"正常"两列，对要添加的故障选择"执行"，对要取消的故障选择"正常"。

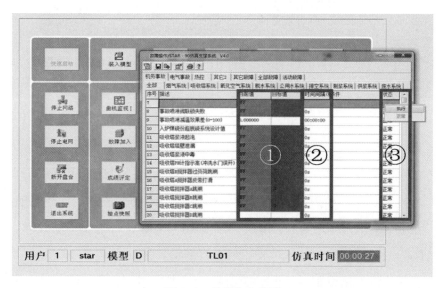

图 2-8　故障加入画面

图 2-8 中：①目标值为"OFF"，表示故障未触发，目标值为"ON"，表示故

障已经触发；在加入故障时，需手动将目标值设置为"ON"；需要注意的是部分故障用百分比表示故障程度，例如图 2-8 中的事故喷淋减温效果差，输入 30% 表示减温效果为正常的 70%。

②时间间隔，表示故障从执行到实际触发所需的时间，一般在组合故障中出现。

③对要添加的故障选择"执行"，对要取消的故障选择"正常"。

（四）组合故障

教练员可启动多个组合故障，每个故障可手动启动、通过自动计时器延迟启动或由于某种条件满足而自动启动。对于某些故障的严重程度，可根据需要进行设置（见图 2-9）。

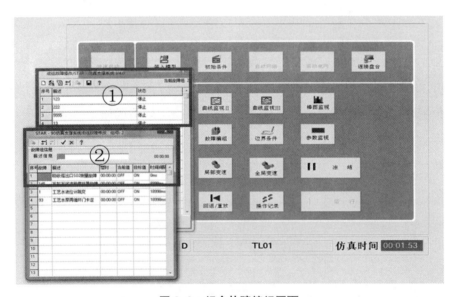

图 2-9　组合故障编组画面

图 2-9 中：①点击"故障编组"按钮，弹出对话框，对话框里显示了当前的故障编组。其中"描述"为故障名称，可手动命名；"状态"表示当前故障触发情况，"停止"表示当前故障未触发。双击"故障编组"名称，可触发当前故障。右键单击故障名称，选择"编辑"，可对故障组进行编辑。

②弹出的故障编组编辑对话框如图所示。其中描述信息为编组故障名称，故障列表为具体单个故障，延时表示两个故障触发间隔。直接在故障中输入单个故障编号，可加入到故障编组中，编辑完后点击可完成故障编组保存。

（五）局部变速和全局变速

使用该功能，可控制模型的部分子过程或整个系统以比实际快或慢的速度运行。

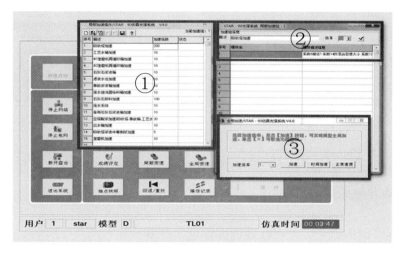

图 2-10 变速画面

图 2-10 中：①点击"局部变速"按钮，弹出对话框，对话框中设置若干系统的局部变速，选择任意一个系统双击可实现当前系统的加速。

②右键单击选中的子系统，选择编辑可对该子系统进行变速倍数选择，确认合适倍数后点☑可保存。图例选中吸收塔加速。

③点击"全局变速"可弹出该对话框，选择合适的加速倍率后该工况可进行加速或者减速。

（六）抽点功能

抽点功能如图 2-11 所示。

图 2-11 抽点功能

图2-11中：①在操作过程中要暂存某个状态，可以连续点击 🖼 "抽点快照"几次，然后点击 ◀ "回退/重放"按钮，可出现画面①。

②如需要回退到所需状态点，只需要双击暂存所需的点对应序号即可出现画面②；点击"OK"即可回到暂存的模型运行状态。

（七）存储新条件

点击"冻结"，模型停止，点击"初始条件"按钮，出现初始条件操作/STAR-90仿真支撑系统窗口，单击"存储初始条件"，双击"空白目录"，系统自动生成时间，在名称栏键入名称，确认覆盖。

（八）查找操作记录

点击 🖼 "操作记录"可查看最近操作记录，其画面如图2-12所示。

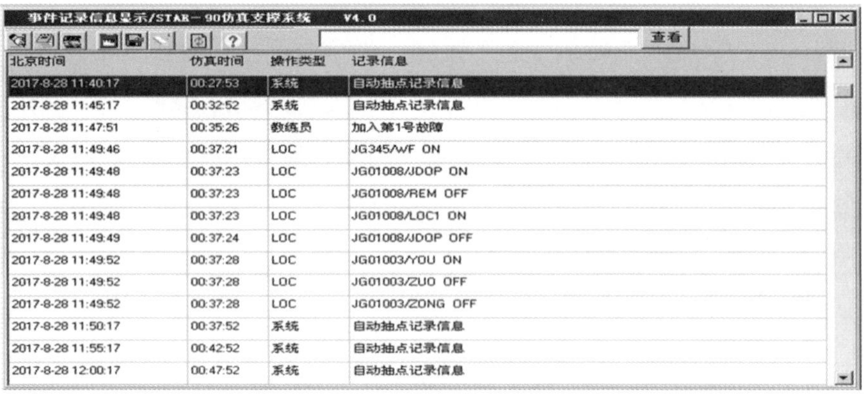

图2-12　查找操作记录画面

第三节　仿真机系统操作画面介绍

一、仿真机系统 DCS 画面介绍

（一）脱硫 DCS 主菜单画面

脱硫 DCS 主菜单是包含了整个仿真机系统 DCS 操作所有分系统的一级菜单（见

图 2-13）。主要包括 27 个子系统，点击每一个分系统可进入该系统的二级画面。主菜单主要显示系统当前时间、机组负荷、SO_2 排放参数、吸收塔相关参数等数据。主菜单右下角显示 1~7 号光字牌报警，红色闪烁表示当前该光字牌有报警信号。单击■可进入脱硫工艺总图（见图 2-14）；单击■可进入脱硫电气系统总图（见图 2-16）。

图 2-13　脱硫仿真系统主菜单画面

图 2-13 中：①仿真系统二级画面显示区。

②脱硫主参数显示区。

③光字牌报警、脱硫工艺总图、电气总图二级画面显示区。

脱硫工艺总图画面中可以大体地了解到整个脱硫系统的运行情况或者故障情况，例如设备红色表示当前在运行状态，绿色表示当前未运行，黄色表示故障报警或失电等。如图 2-14 标识的 3 个示例系统中，可以看出 5 号吸收塔系统 B、C、D 浆液循环泵运行，A 浆液循环泵备用；1 号脱水系统运行，2 号脱水系统未运行；6 号吸收塔系统各设备为黄色，表示当前故障或者失电。

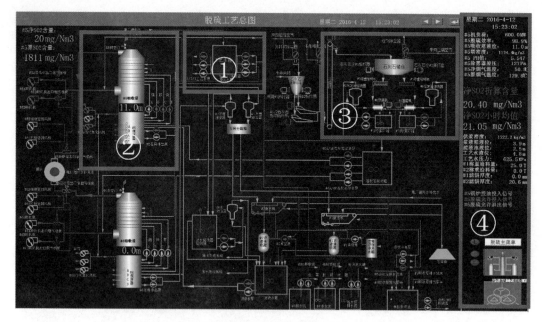

图 2-14　脱硫工艺总图

图 2-14 中：①工艺水系统。

②5 号吸收塔系统。

③制浆系统。

④脱硫主参数显示区。

（二）DCS 分系统画面介绍

单击主菜单中的分系统，可以进入单个系统的 DCS 画面，本书以脱硫吸收塔系统（见图 2-15）和脱硫电气系统总图（见图 2-16）为例进行介绍。

1. 吸收塔系统

在吸收塔系统画面中，可以清晰地看到吸收塔入口原烟气参数、净烟气参数、供浆量、pH 值、吸收塔液位、浆液循环泵电流、温度等参数。

图 2-15 中：①此区域为浆液循环泵顺控操作区域，单击▶可进行浆液循环泵顺控启动操作，单击■可进行浆液循环泵顺控停运操作。

②此区域为吸收塔入口原烟气参数显示区，显示内容包括原烟气流量、SO_2 含量、烟尘含量、NO_x 含量、烟气温度、O_2 含量、烟气压力等参数。

③此区域为吸收塔出口净烟气参数显示区，显示内容包括净烟气流量、SO_2 折算含量、烟尘含量、NO_x 含量、烟囱入口烟气温度、净 O_2 含量、烟气压力等。

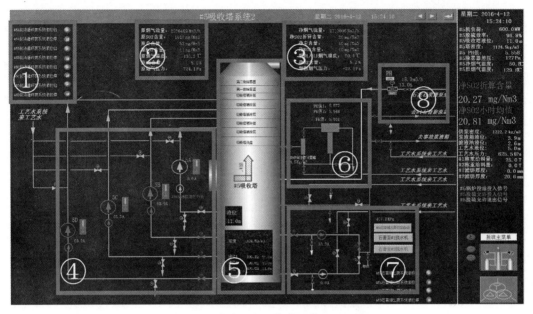

图 2-15　脱硫仿真吸收塔系统 DCS 画面

④此区域为浆液循环泵操作区域，可进行浆液循环泵的启停、冲洗等操作，可以查看浆液循环泵电流、温度等参数。

⑤此区域为 5 号吸收塔本体显示区，可以看出吸收塔的大体结构、液位（包括三个压力变送器压力）等。

⑥此区域为 5 号吸收塔 pH 值及密度显示区。

⑦此区域为 5 号吸收塔石膏排出泵及冲洗系统显示区，可以进行石膏排出泵的启停冲洗等操作。

⑧此区域为 5 号吸收塔供浆调门调节及供浆流量显示区域，可以对供浆流量进行操作等。

2. 脱硫电气系统总图

脱硫仿真电气系统总图 DCS 画面如图 2-16 所示。脱硫厂用电系统为中性点不接地系统。正常运行时，6kV 脱硫 VA 段、VB 段母线分别由主机 6kV 工作 VA 段、VB 段母线供电。6kV 脱硫 VIA 段、VIB 段母线分别由主机 6kV 工作 VIA 段、VIB 段母线供电。正常运行时，6kV 脱硫段分段断路器（开关）作为 6kV 脱硫某段母线失电时的备用电源，6kV 脱硫段各电源隔离开关（刀闸）在工作位置，6kV 脱硫段分段断路器（开关）在热备用状态，6kV 脱硫段分段断路器（开关）与工作电源断路器（开关）间采用手动断电切换方式。

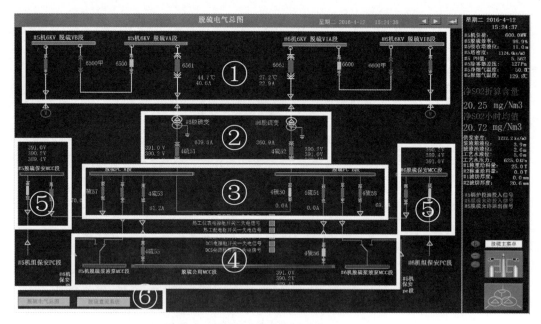

图 2-16　脱硫仿真电气系统总图 DCS 画面

图 2-16 中：①此区域为 6kV（高压）系统图，可以看到 6kV 各断路器（开关）状态，母线电压、温度等。断路器（开关）红色表示运行，绿色表示热备用，黄色表示故障或失电。

②此区域为脱硫变压器，可以看到脱硫变压器相关参数、电压互感器电压、温度等。

③此区域为 PC 段系统图，分为 PC A 段和 B 段，两段通过 4 硫 50 断路器（开关）进行联络。一段失电时，可切换至另一段带。

④此区域为 MCC 段系统图，配置双电源。

⑤此区域为保安 MCC 段系统图。

⑥此区域为电气系统总图和脱硫直流系统切换菜单，单击鼠标左键可进行切换。

380V 低压厂用电系统为中性点直接接地系统。两台机组共设置两台脱硫变压器，5 号脱硫变压器高压侧接自 6kV 脱硫 VA 段母线，向脱硫 PC A 段母线供电；6 号脱硫变压器高压侧接自 6kV 脱硫 VIA 段母线，向脱硫 PC B 段母线供电。脱硫 PC A 段和 B 段母线之间设置母线联络断路器（开关）互为备用。正常运行时，PC 段母线联络断路器（开关）处于热备用状态，PC 母线分段断路器（开关）与工作电源断路器（开关）间采用手动断电切换方式。

380V 双电源供电 MCC 系统运行方式：

（1）脱硫公用 MCC 段的工作电源取自 5 号机组脱硫 PC A 段，备用电源取自 6 号机组脱硫 PC B 段，采用手动断电切换方式。

（2）5 号脱硫保安 MCC 段的工作电源取自脱硫 PC A 段，备用电源取自（主机）5 号机组保安 PC 段、装设有备用电源自动投入装置，采用自动断电切换方式。

（3）正常运行时，5 号机组保安 PC 段、6 号机组保安 PC 段分别由 5 号、6 号锅炉 PC 段供电；柴油发电机组作为 5 号、6 号机组两段保安 PC 母线全部失电时的事故备用电源。柴油发电机组正常处于热备用状态，柴油发电机组出口断路器（开关）及保安 PC 段柴油发电机组进线断路器（开关）均在连锁备用状态。

（4）特殊运行方式：5 号脱硫变压器停运时，脱硫公用 MCC 段母线由 6 号机组的脱硫 PC B 段母线供电，脱硫 PC A 段至脱硫公用 MCC 段电源置于热备用状态；待 5 号脱硫变压器投运时，恢复正常供电方式。

（三）DCS 光字牌报警画面介绍

脱硫仿真机系统能够与实际 DCS 一样，对相关超标参数进行报警，主要有报警条报警（见图 2-17）和光字牌报警（见图 2-18）两种方式。

图 2-17　DCS 报警条画面

图 2-17 中：①单击方框内按钮，可以对设备跳闸的报警进行复位，系统默认显示 3 个报警，点一次确认一个。

DCS 系统包含 7 页光子报警牌，一一对应主画面右下角 7 个红色报警灯（见图 2-18 中②）。正常运行时报警灯不亮，报警灯为红色时代表有光子报警存在，报警灯闪烁代表有未确认的光子报警，进入光子报警页面点击"确认"后不再闪烁（见图 2-18 中①）。

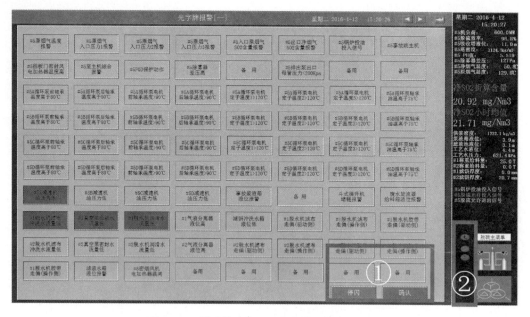

图 2-18　脱硫仿真 DCS 光字牌报警画面介绍

二、仿真机系统就地画面介绍

（一）就地目录画面介绍

仿真机就地画面目录包含了整个仿真机系统就地操作所有分系统的一级菜单（见图 2-19）。主要包括 17 个子系统，点击每一个分系统可进入该系统的二级画面。

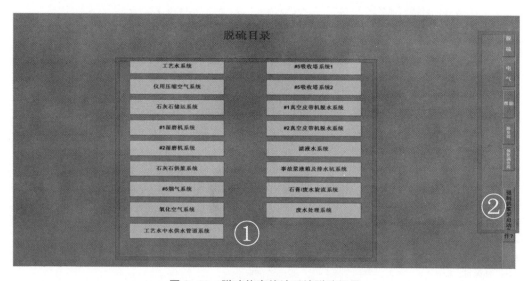

图 2-19　脱硫仿真就地系统脱硫目录

图 2-19 中：①为仿真系统就地脱硫目录热机各二级画面菜单，单击任意一个可进入相应二级画面。

②热机、电气二级画面切换按钮，以及"降负荷""恢复满负荷""强制供浆泵启动条件"等操作按钮，例如单击电气可进入电气系统主目录（见图 2-20）。仿真模型在某负荷工况运行时，点击"降负荷"，机组负荷自动以一定速率降至 50% 负荷；点击"恢复满负荷"，机组负荷自动以一定速率升至 100% 负荷；如需启用备用石灰石浆液箱供浆，可点击"强制供浆泵启动条件"。

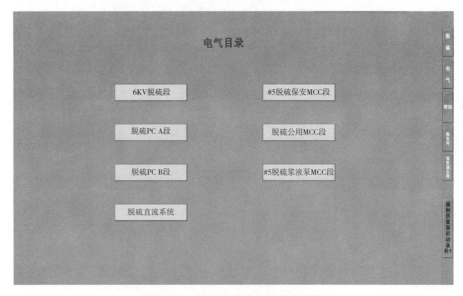

图 2-20　脱硫仿真电气就地主目录

（二）就地分系统画面介绍

在单击每个二级画面菜单后可以进入相应的二级系统图，本书以 1 号湿式球磨机系统和脱硫 PC A 段为例进行画面介绍。

1. 1 号湿式球磨机系统

仿真脱硫系统 1 号湿式球磨机就地系统图如图 2-21 所示。

图 2-21 中：①为 1 号湿式球磨机高低压油系统，同前所述，红色表示相关设备运行或开启状态，绿色表示停止或关闭状态。例如低压油过滤器为右侧运行，左侧备用。在启动磨机时，可对该系统相关阀门进行开启操作。

②为石灰石旋流器系统，如图为三运两备。

③为磨机本体及主电机系统，图中事故按钮可在紧急情况下停运磨机系统。

④为1号湿式球磨机再循环系统，图中可看出1号湿式球磨机A再循环泵运行，B为备用。

⑤为减速机油及齿轮喷射油系统。

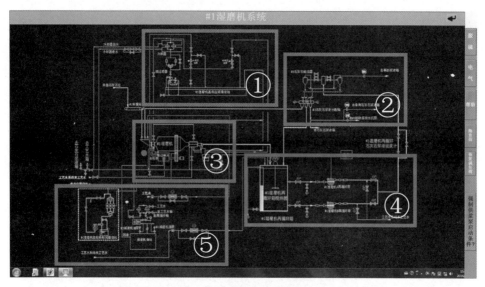

图2-21　仿真脱硫系统1号湿式球磨机就地系统图

2. 脱硫PC A段画面

点击脱硫仿真电气就地主目录的脱硫PC A段，可进入脱硫PC A段就地配电柜系统（见图2-22）。

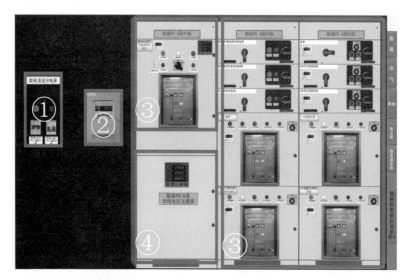

图2-22　仿真脱硫PC A段就地系统图

图 2-22 中：①为脱硫 PC A 段直流分电屏，在图中可以看出，来自"101Z PC A 段 01 柜"空气断路器为合闸位。

②为 5 号脱硫变压器三相绕组温度显示。

③为脱硫 PC A 段单个断路器（开关）面板显示，与开关柜实体图一致，每个断路器（开关）均能进行模拟操作，操作方法同实体断路器（开关）一致。

④为脱硫 PC A 段母线电压互感器，可监视母线电压及进行电压互感器投退操作。

三、仿真机系统界面操作说明

（一）DCS 界面操作说明

1. DCS 热机系统操作说明

下面以浆液循环泵启停为例进行操作说明，例如点击图 2-23 的█可以显示浆液循环泵各部的温度情况。

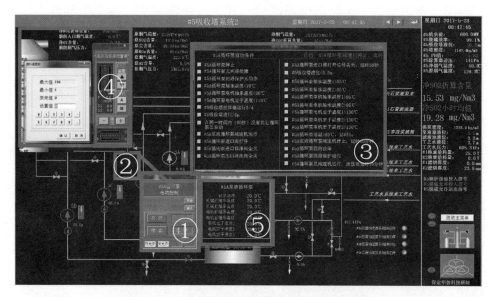

图 2-23 DCS 浆液循环泵启停及相关参数画面

图 2-23 中：①点击█可出现启停画面，点击"启动"按钮，即可启动浆液循环泵。

②点击②箭头所指区域，可以弹出对话框③。

③该对话框将显示浆液循环泵等设备的启动条件和跳闸条件。

④点击供浆调节阀█将弹出对话框④，输入数值后可进行供浆流量调节。

⑤点击图▋可出现该对话框，显示浆液循环泵温度参数。

2. DCS 电气系统操作说明

下面以 380V 脱硫 PC B 段进线断路器（开关）4 硫 52 为例进行说明，其操作面板如图 2-24 所示。

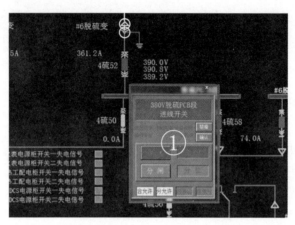

图 2-24　DCS 380V 脱硫 PC B 段进线断路器（开关）4 硫 52 操作面板

点击▋可弹出对话框①，目前断路器（开关）在合闸位，点击断路器（开关）面板中的"分闸"可对断路器（开关）进行分闸。点击"禁操"后，分合闸按钮显示灰色，该断路器（开关）不能进行操作。

3. DCS 历史曲线调用说明

DCS 画面历史曲线调用画面如图 2-25 所示。

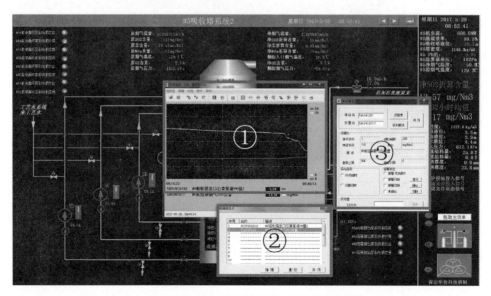

图 2-25　DCS 画面历史曲线调用画面

图2-25中：①若要查看历史曲线，可右键单击需查看参数，单击查看历史曲线，可弹出该对话框。点击 ⚬ 可拉长曲线，点击 ⚬ 可压缩时间。

②如需显示多条曲线，需从③中选取测点名称，点击 ⚬ 可打开对话框，单击"编辑"按钮，将对话框中的测点名加入即可显示。如图选择两条曲线；若需要再增加曲线，可如此继续添加。

（二）就地界面操作说明

1. 就地热机系统阀门操作说明

单击就地各阀门后，会弹出如图2-26所示对话框，对照图上可进行操作。

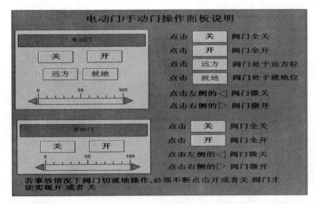

图2-26　就地各阀门开关说明

下面以5号吸收塔石灰石浆液调整门为例进行说明。

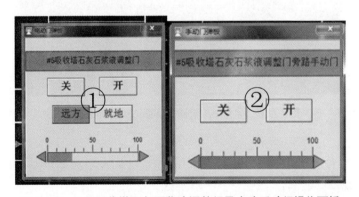

图2-27　5号吸收塔石灰石浆液调整门及旁路手动门操作面板

图2-27中：①单击就地图中的 ▰▰ 调整门可弹出对话框，一般情况，该调节门为远方DCS操作，如要就地操作，需要点击"就地"按钮，即可进行就地操作。点

击"开"或者"关"可实现就地全开或全关；点击◀▶可实现就地开度调整。

②点击就地 5 号吸收塔石灰石浆液调整门旁路手动门，弹出对话框，点击"开"或者"关"可实现就地全开或全关；点击◀▶可实现就地开度调整。

2. 就地电气系统操作说明

由于本仿真系统就地电气柜均为实体开关柜照片，因此就地断路器（开关）的操作同实体开关柜操作一致，遵守必要的"五防"措施等。下面以"6kV 工作脱硫 VA 段 5A 浆液循环泵 6563 开关""脱硫 PC B 段工作电源开关 4 硫 52"为例进行说明。

（1）6kV 工作脱硫 VA 段 5A 浆液循环泵 6563 断路器（开关）就地操作面板。

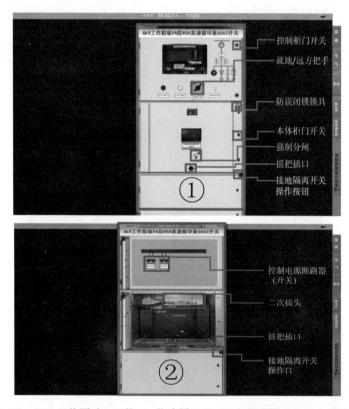

图 2-28　6kV 工作脱硫 VA 段 5A 浆液循环泵 6563 断路器（开关）操作面板

图 2-28 中：①点击 6kV 脱硫 VA 段中的"6563 #5A 浆液循环泵"电源断路器（开关），将弹出该对话框面板，在该面板中可进行断路器（开关）的一系列操作。例如，点击■可将断路器（开关）进行"就地/远方"切换，点击■可进行保护连接片的投退，点击●可打开柜门，点击●将断路器（开关）摇至试验位，点击■可进行接地刀闸操作，点击■可进行强制分闸，点击■可解除防误闭锁锁具。

②当控制柜门和断路器（开关）本体柜门打开后可弹出该对话框。在该操作画面中，可进行交流、直流空气断路器的分合闸，可将二次插头取下，可将断路器（开关）拉至检修位等操作。

（2）脱硫PC B段工作电源断路器（开关）4硫52操作面板。

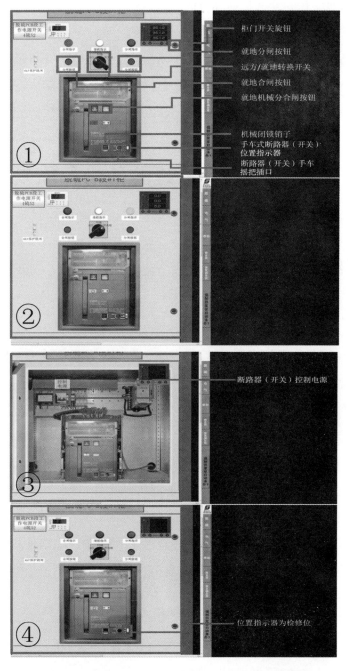

图 2-29　脱硫 PCB 段工作电源开关 4 硫 52 操作面板

图 2-29 中：①为 4 硫 52 断路器（开关）正常运行画面，可见断路器（开关）"就地 / 远方"切换旋钮在"远方"位，合闸指示红灯亮，机械指示为"1"，位置指示器在"工作"位置。

②4 硫 52 断路器（开关）在试验位置，可见断路器（开关）"就地 / 远方"切换旋钮在"就地"位，分闸指示绿灯亮，机械指示为"0"，位置指示器在"试验"位置。

③为 4 硫 52 断路器（开关）柜内画面，可见控制电源空气断路器在分闸位。

④为 4 硫 52 断路器（开关）在检修状态，可见各指示灯均灭，"就地 / 远方"切换旋钮在"就地"位，机械指示为"0"，位置指示器在"检修"位置。

第四节　仿真系统的备份和恢复

一、仿真系统的备份

（一）STAR-90 仿真系统的备份

STAR-90 仿真系统全部存放在目录 D: /star/ 下，如果要备份 STAR-90 仿真系统，只要把目录 /star 备份即可。备份步骤如下：

（1）查看 /star/ 目录的属性，确定其文件大小，选择合适的备份介质，如刻录光盘、移动硬盘等。

（2）将整个 /star 目录复制到备份介质上。

（3）备份完成后，检查备份的大小是否与源文件一致，确认后将备份日期及备份内容标注到介质相应的记录中。

如果采用刻录光盘进行备份，原文件超过了 650MB，应该使用 WinZip 或其他压缩工具，把它打包压缩，然后刻录到光盘上。

（二）就地操作站和 DCS 操作站备份

就地操作站和 DCS 操作站全部存放在根目录 D: / 下，如果要备份就地操作站和 DCS 操作站，只需要分别备份就地操作站和 DCS 操作站即可。备份步骤如下：

（1）查看就地站"600MW 脱硫 LOC"和 DCS 站"600MW 脱硫 DCS"目录的属性，确定其文件大小，选择合适的备份介质，如刻录光盘、移动硬盘等。

（2）将"600MW 脱硫 LOC"和"600MW 脱硫 DCS"目录复制到备份介质上。

（3）备份完成后，检查备份的大小是否与源文件一致，确认后将备份日期及备份内容标注到介质相应的记录中。

二、仿真系统的恢复

（一）STAR-90 仿真系统的恢复

STAR-90 系统的恢复步骤如下：

（1）确定要恢复的备份文件的日期和内容。

（2）如果系统文件是部分出问题，可将相应的文件拷贝到相应的子目录下即可。例如：模型 TL01 出现问题时，可将备份中的 /star/mdl/ 中的全部文件复制到主机的 D:/star/mdl/ 下即可。

（3）如果系统重装，但系统硬件环境没有变化时，在操作系统配置正常后，可将备份的 /star 目录整个复制到主机某一硬盘分区上。

（二）就地操作站和 DCS 操作站恢复

就地操作站和 DCS 操作站的恢复步骤如下：

（1）确定要恢复的备份文件的日期和内容。

（2）如果系统文件是部分出问题，可将相应的文件拷贝到相应的子目录下即可。例如："600MW 脱硫 DCS.exe"出现问题时，可将备份中的"600MW 脱硫 DCS/Bin/600MW 脱硫 DCS.exe"替换已损坏文件即可。

（3）如果系统重装，但系统硬件环境没有变化时，在操作系统配置正常后，可将备份的"600MW 脱硫 LOC"和"600MW 脱硫 DCS"目录整个复制到主机 D:/根目录下，再安装 / 操作员站必备程序 / 中的程序。

注意：由于主机服务器的系统较为复杂，使用时尽量有专人管理。系统的设置参数请不要随意改动，否则可能导致主机故障，影响正常使用。在进行试验或对仿真机模型进行修改前，请确认已正确做好备份工作。

3

第三章

脱硫系统运行规程

第一节　脱硫系统概述

一、脱硫系统工艺介绍

（一）概述

本脱硫装置采用石灰石—石膏湿法脱硫工艺（简称 FGD），按一炉一塔配置。设计工况下，脱硫入口烟气量为 2100600Nm³/h（干基，6%O_2）、SO_2 浓度为 1800mg/Nm³（干基，6%O_2），要求系统脱硫效率 ≥ 98.61%，附带除尘效率不小于 60%。本脱硫系统不设 GGH（烟气换热系统）和增压风机，无旁路烟道，相应设置事故冷却喷淋系统。

（二）脱硫原理介绍

烟气中的 SO_2 的脱除原理如下：

烟气中的 SO_2 通过吸收塔时被喷淋浆液中的水吸收，与烟气分离：

$$SO_2 + H_2O \rightleftharpoons HSO_3^- + H^+$$

进入吸收塔的石灰石在偏酸性浆液中溶解：

$$CaCO_3 \rightleftharpoons Ca^{2+} + CO_3^{2-}$$

$$CO_3^{2-} + H^+ \rightleftharpoons HCO_3^-$$

$$HCO_3^- + H^+ \rightleftharpoons H_2O + CO_2 \uparrow$$

氧化和结晶反应发生在吸收塔浆池中。吸收塔浆池中的 pH 值控制在 5.2~5.8，吸收塔浆液池的尺寸保证能提供足够的浆液停留时间，完成亚硫酸钙向硫酸钙的氧化和石膏（$CaSO_4 \cdot 2H_2O$）的结晶。具体反应方程式如下：

氧化：$HSO_3^- + \dfrac{1}{2}O_2 \rightleftharpoons SO_4^{2-} + H^+$

结晶：$Ca^{2+} + SO_4^{2-} + 2H_2O \rightleftharpoons CaSO_4 \cdot 2H_2O$

二、脱硫系统主要设计参数

1. FGD 装置主要技术指标

FGD 装置主要技术指标如表 3-1 所示。

表3-1 FGD装置主要技术指标

序号	项目	单位	数值
1	烟气量（干基，实际O$_2$）	Nm^3/h	2100600
2	FGD系统SO$_2$脱除率（设计煤种、保证值）	%	≥98.61
3	FGD系统除尘率	%	≥60
4	FGD装置设备年利用小时	h	7500
5	石灰石消耗量（规定品质）	t/h	6.6
6	工艺水耗量	m^3/h	110
7	冷却水耗量	m^3/h	20
8	电耗（整套脱硫装置包括公用系统平均值）	kW/h	4225
9	仪用压缩空气消耗量	Nm^3/h	1.5
10	石膏产量（含水≤10%）	t/h	12.36
11	废水排放量	t/h	5

2. 石灰石主要指标

石灰石主要指标如表 3-2 所示。

表3-2 石灰石主要指标

序号	项目	单位	数据
1	烧失量	%	42.32
2	CaO	%	50.4
3	MgO	%	1.21
4	Al$_2$O$_3$	%	0.83
5	SiO$_2$	%	3.32
6	Fe$_2$O$_3$	%	0.40
7	MnO$_2$	%	0.011

3. 脱硫废水处理后出水水质设计参数

脱硫废水处理后出水水质设计参数如表3-3所示。

表3-3　脱硫废水处理后出水水质设计参数

序号	监测项目	单位	出水控制值（DL/T 997—2006）
1	总汞	mg/L	0.05
2	总镉	mg/L	0.1
3	总铬	mg/L	1.5
4	总砷	mg/L	0.5
5	总铅	mg/L	1.0
6	总镍	mg/L	1.0
7	pH		6~9
8	悬浮物	mg/L	70
9	化学需氧量	mg/L	150
10	氟化物	mg/L	30
11	硫化物	mg/L	1.0

注　经脱硫废水处理系统处理后的废水水质满足《火电厂石灰石—石膏湿法脱硫废水水质控制指标》（DL/T 997—2006）的要求。

三、脱硫系统设备

（一）烟气系统

从锅炉引风机来的烟气经原烟道进入吸收塔，在吸收塔中烟气向上升，而吸收塔内喷淋的液滴向下降，形成逆向流。烟气中的 SO_2、SO_3、HCl、飞灰和其他污染物得到去除，从吸收塔顶部经除雾器除去水雾后，经烟囱排入大气。

引风机出口处和进烟囱前的净烟道上各设置1个挡板门，所有挡板均采用单轴双百叶窗挡板，具有开启／关闭功能。挡板门都配有密封空气系统，将密封空气导入关闭的挡板的叶片间，以阻断挡板两侧烟气流通，保证"零"泄漏。引风机出口烟气挡板门主要用于引风机检修，并且在引风机出口挡板门到吸收塔入口段之间的烟道上增加了排水槽，避免烟气挡板门接触腐蚀性介质。净烟道挡板门的作用是关闭挡板门，避免烟气进入停运侧的烟道系统。

（二）事故喷淋系统

在原烟气进口管道处设置事故喷淋系统，当 FGD 故障或者锅炉故障烟气进口温度高（达到 180℃）时自动开启，用于降低吸收塔入口烟温，保护吸收塔塔内件和防腐内衬材料不受损坏。

事故喷淋冷却水源采用除雾器冲洗水，3 台除雾器冲洗水泵全部接保安电源，事故喷淋系统启动时，备用除雾器冲洗水泵连锁启动，同时联动打开事故喷淋系统母管上的电动阀门。事故喷淋系统布置在吸收塔入口段，并且吸收塔入口段沿吸收塔方向向下倾斜，可以保证多余的冷却水能自动回流到吸收塔。

（三）石灰石输送和石灰石浆液制备及供给系统

石灰石用卡车运至脱硫岛内的石灰石磨制车间，石灰石粒径分布范围为 5~20mm，送入卸料斗后经振动给料机、斗式提升机送至石灰石储仓内，再由皮带称重给料机送到湿式球磨机，将石灰石磨制成浆液，再通过石灰石旋流器进行分离，大尺寸物料返回磨机内再研磨，325 目通过率大于 90% 的合格石灰石浆液，储存于石灰石浆液箱中，经石灰石浆液泵送至吸收塔。

输送系统按单路设计，出力选择 100t/h，即每天工作 8h。设 1 座石灰石仓，容积 1850m³，满足 2 台机组在 BMCR 工况下运行 3 天（每天 24h）所需石灰石量。仓底设 2 个出料口，分别供应 2 台湿式球磨机，石灰石储仓配 1 套带抽风机的仓顶布袋除尘器及其仪表和就地控制设备，在石灰石仓出料锥部设置 2 台振打器。

石灰石仓出口的石灰石经称重给料机送到湿式球磨机内磨制成浆液，湿式球磨机出口浆液顺流至再循环浆液箱，再循环泵把石灰石浆液送到石灰石旋流器，经分离后，大尺寸物料返回湿式球磨机内重新研磨，溢流物料存储于石灰石浆液箱中。湿式球磨机再循环泵出口母管配置有浆液密度计，用于监测石灰石浆液的浓度，湿式球磨机的加水量和石灰石给料量将通过浆液的浓度进行调节控制。湿式球磨机额定出力为 25t/h。

脱硫系统设置 1 个石灰石浆液箱及 1 个备用石灰石浆液箱，分别配置 1 台顶进式搅拌器。吸收塔设置 2 台石灰石浆液泵，采用 1 运 1 备运行方式。当石灰石浆液箱因搅拌器故障等需要排空时，可将石灰石旋流器溢流切换至备用石灰石浆液箱，对石灰石浆液箱进行隔离排空处理。

石灰石浆液密度的测量是在石灰石浆液泵出口管线旁路上采用 1 台音叉密度计检测，设计控制范围 1200~1250kg/m³（对应含固量 25%~30%）。

石灰石浆液给料量根据锅炉负荷、FGD 装置进、出口的 SO_2 浓度及吸收塔浆池内的浆液 pH 值（5.2~5.8）进行自动、手动控制。

（四）吸收塔及 SO_2 吸收系统

每台炉设置 1 套 SO_2 吸收系统，即采用一炉一塔的模式。吸收塔浆液通过浆液循环泵从浆液池送至塔内喷淋系统，与烟气接触吸收烟气中的 SO_2。在塔内浆池中利用氧化空气将亚硫酸钙氧化成硫酸钙。石膏排出泵将石膏浆液从吸收塔送到石膏脱水系统。

吸收塔系统包括吸收塔、两级除雾器及冲洗、4 层喷淋层及喷嘴、托盘、氧化空气分布管、4 台侧进式搅拌器、4 台浆液循环泵、3 台氧化风机及相应的管道阀门等。氧化风机采用 2 运 1 备运行方式。

吸收塔浆液最佳 pH 值在 5.2~5.8 之间，加入吸收塔的新制备石灰石浆液的量的大小将取决于锅炉负荷、SO_2 含量以及实际的吸收塔浆液的 pH 值。

脱硫反应生成的反应产物经氧化风机鼓入的氧化空气强制氧化生成硫酸钙，并结晶生成 $CaSO_4 \cdot 2H_2O$，由石膏排出泵排出吸收塔，送到石膏一级脱水系统。

吸收塔设两层屋脊式除雾器除去烟气所含浆液雾滴，除雾后烟气携带水滴含量低于 75mg/Nm³，设置 3 层除雾器冲洗喷嘴。冲洗水从喷嘴喷向除雾器元件，带走除雾器上的固体颗粒。除雾器冲洗系统间断运行，采用自动控制。

（五）事故浆液箱和排水坑系统

FGD 系统内设置 1 个公用的事故浆液箱。事故浆液箱的容量为 2100m³，能够满足 1 台 FGD 吸收塔排空时储液量的要求，并作为吸收塔重新启动时的石膏晶种仓库。

事故浆液箱包括 1 台顶进式搅拌器、2 台事故浆液返回泵（将浆液送回吸收塔），1 运 1 备。每台泵的容量为 150m³/h，满足 15h 内将浆液返回吸收塔或排空。

排水坑包括吸收塔区排水坑、石膏脱水区排水坑，每个排水坑设置 1 台顶进式搅拌器、2 台排水坑泵。排水坑泵根据池内液位自动启停。

（六）石膏脱水系统

石膏脱水系统分为两个子系统，即一级脱水系统和二级脱水系统。一级脱水系统为石膏旋流器系统，包括 2 台石膏排出泵（1 运 1 备）、1 台石膏旋流器；二级脱水系统为真空皮带脱水机系统，包括 2 台真空泵和 2 台皮带脱水机及相应的泵、箱体、管道、阀门等。

吸收塔底部的石膏浆液通过石膏排出泵，送入相应的石膏旋流器。石膏旋流器具有双重作用，即石膏浆液预脱水和石膏晶体分级。进入石膏旋流器的石膏浆液切向流动产生离心运动，石膏中重的固体微粒被抛向旋流器壁，并向下流动，形成含固浓度为 55% 左右的底流。石膏旋流器的底流自流至 1 个分配箱，通过分配箱进入对应的皮带脱水机进行二级脱水。石膏中细小的微粒从旋流器的中心向上流动形成 6.9% 溢流，进入废水旋流器给料箱，并经废水旋流器给料泵送至废水旋流器，其溢流进入脱硫废水处理系统，底流回至滤液水箱，由滤液水泵打回吸收塔。

每台皮带脱水机的出力分别按 2 台锅炉燃用脱硫设计煤质 100%BMCR 工况运行时 FGD 装置石膏产量的 75% 设计。经真空脱水后，石膏滤饼含水量降到 10% 以下。脱水过程中，对石膏滤饼进行冲洗以去除氯化物，从而保证石膏的品质。石膏滤饼从皮带脱水机落下，送到石膏库。

（七）工艺水和滤液水系统

2 台脱硫装置设置 1 个工艺水箱，为脱硫工艺系统提供工艺用水。工艺水箱容积满足 1 台机组 2h 补水量；脱硫工艺水采用处理后的工业废水和电厂循环水系统补充水，引接至脱硫工艺水箱，主要用于设备冷却水、除雾器冲洗、各种设备及管道的冲洗、真空皮带机的用水、石灰石浆液制备用水、向吸收塔和其他箱罐提供补水。3 台工艺水泵（2 运 1 备），每台泵出力为 1 台吸收塔工艺水总耗量的 100%。

两台脱硫装置设置 3 台除雾器冲洗水泵（2 运 1 备），每台泵出力为 1 台吸收塔除雾器总耗量的 100%；吸收塔入口事故喷淋用水由除雾器冲洗水泵接入，2 台除雾器冲洗水泵流量满足单塔事故喷淋冲洗水用量，除雾器冲洗水泵接入保安电源。

工艺水箱的液位采用超声波液位计进行测量。工艺水箱的液位控制范围为 2.3~5.0m。

滤液水箱用来收集石膏脱水系统的滤液水；吸收塔／脱水区排水坑用于收集脱硫装置正常运行、清洗和检修中产生的浆液排出物。吸收塔区排水坑浆液通过地坑泵输送至吸收塔或事故浆液箱。滤液水箱通过滤液水泵将滤液送回吸收塔。

（八）废水处理系统

脱硫装置浆液内的水在不断循环的过程中，会富集重金属元素、Ni、Mg 和 Cl⁻ 等，一方面加速脱硫设备的腐蚀，另一方面影响石膏的品质，因此，脱硫装置要排放一定量的废水，进入脱硫废水处理系统，经处理后达标排放。本脱硫系统设置 1 套处理量为 $20m^3/h$ 的废水处理系统。经脱硫废水处理系统处理后的废水水质满足《火电厂石灰石—石膏湿法脱硫废水水质控制指标》（DL/T 997—2006）的要求。

烟气脱硫设备产生的弱酸性废水通过管道收集在脱硫废水箱内进行搅拌储存。液位高时，开启废水泵，将箱内废水送至中和箱，直至脱硫废水箱内液位低时停泵。在此过程中，废水以溢流方式从中和箱依次进入沉降箱、絮凝箱、浓缩澄清箱及出水箱。在中和箱内加入定量的碱液，将废水的 pH 值调升至 9.0~9.7 范围，使水中大部分重金属以氢氧化物的形式沉淀出来。为促进后续反应中絮凝粒子形成，需在中和箱中加入少量的石膏晶种。通过升高 pH 值和加入聚铁、有机硫进一步除去水中的重金属。NaOH 加药量通过 pH 值控制，聚铁和有机硫的加药量通过调试确定，根据废水量按比例加入。在澄清浓缩箱中，分离出来的澄清水排入出水箱，在出水箱内加入盐酸，调整 pH 值至 6~9，悬浮物小于 70 mg/L，可排至排放点，不合格者通过出水泵打至废水箱继续进行处理。澄清浓缩箱底部的污泥通过污泥输送泵进入压滤机，制成泥饼处理。

（九）压缩空气系统

FGD 装置区域压缩空气系统所需要的仪表用气及检修用气的气源由主厂房提供，在脱硫装置内设 1 个仪用压缩空气罐，储气罐容积为 $5m^3$。仪表用气可用作清洗烟道上的烟气流量测量装置、分析装置的冲洗气和真空皮带脱水机皮带纠偏气囊用气，另外，还可用于 FGD 系统设备检修及维护时的吹扫。

第二节　设备规范

一、吸收塔系统

1. 吸收塔

吸收塔规范指标如表 3-4 所示。

表3-4　吸收塔规范指标

设计数据	单位	数据
流向		逆流
吸收塔前烟气量（标态、湿态）	Nm³/h	2000440
吸收塔后烟气量（标态、湿态）	Nm³/h	2100438
浆液循环停留时间	min	4.3~5
浆液全部排空所需时间	h	10~12
液/气比（L/G）	L/Nm³	15.9
烟气流速	m/s	3.8~4.0
烟气在吸收塔内停留时间	s	5.05
Ca/S	moL/mol	1.02
浆池固体含量（13%~20%）	kg/m³	1080~1130
浆池直径/高度	m	φ15.16/12.5
吸收塔吸收区直径	m	φ15.8
浆池液位正常/最高—最低	m	11.65/12.7—10.6
浆池容积	m³	2100
吸收塔总高度	m	39.2
吸收塔壳体/内衬		碳钢/鳞片
喷淋层数/层间距	m	4/1.8
喷淋层材质		FRP管
喷嘴材质		碳化硅
每层喷嘴数		108
喷嘴型式		90°空心锥
喷嘴流量	m³/h	65.29
托盘型号		UNSS32205
托盘开孔率	%	40
搅拌器数量	台	2×4
搅拌器安装方式		侧进式
吸收塔烟气阻力	Pa	2573

2. 除雾器

除雾器规范指标如表3-5所示。

表3-5 除雾器规范指标

设计数据	单位	数据
级数	层	2
最大允许烟气流速	m/s	7.2
除雾器压力损失（清洁状态）	Pa	130
除雾器冲洗层数	层	3
除雾器冲洗喷嘴数量		160/层
除雾器冲洗喷嘴压力	kPa	200
除雾器冲洗喷嘴材料		PP
除雾器冲洗喷嘴设计温度	℃	80
冲洗水消耗量（平均）	m^3/h	90

3. 氧化风机

氧化风机规范指标如表3-6所示。

表3-6 氧化风机规范指标

设计数据	单位	数据
数量	台	3
型式		罗茨风机
流量（每台）	m^3/h	4897
压力	kPa	95
转速	r/min	744
电压	V	6000
电动机功率	kW	500
额定电流	A	63.1
出口氧化空气温度	℃	120
氧化空气配置形式		管网式

4. 浆液循环泵

浆液循环泵规范指标如表3-7所示。

表3-7　浆液循环泵规范指标

设计数据	单位	数据
数量	台	4
型式		离心式
体积流量	m³/h	9600
扬程	m	20.05/21.87/23.69/25.51
设计温度	℃	120
电动机功率	kW	800/1100/910/910
额定电流	A	92.7 /113.8/103.1/103.1
电压	V	6000

5.石膏排出泵

石膏排出泵规范指标如表3-8所示。

表3-8　石膏排出泵规范指标

设计数据	单位	数据
数量	台	2
型式		离心式
扬程	m	45
体积流量	m³/h	200
电动机功率	kW	75
电压	V	380
额定电流	A	139.7
密封型式		机械密封

二、石灰石上料及制浆系统

1.振动给料机

振动给料机规范参数如表3-9所示。

表3-9　振动给料机规范参数

设计数据	单位	数据
数量	台	2
处理量	t/h	100
电动机功率	kW	0.75
额定电流	A	1.8
工作电压	V	380

2. 斗提机

斗提机规范参数如表 3-10 所示。

表3-10　斗提机规范参数

设计数据	单位	数据
形式		链斗式
数量	个	1
出力	t/h	100
电动机功率	kW	30
电动机电流	A	57.6

3. 石灰石仓

石灰石仓规范指标如表 3-11 所示。

表3-11　石灰石仓规范指标

设计数据	单位	数据
数量	台	1
容量	m³	1850
尺寸	m	ϕ14m，筒体高度11.6m，锥体高度9.895m

4. 称重给料机

称重给料机规范指标如表 3-12 所示。

表3-12　称重给料机规范指标

设计数据	单位	数据
数量	台	2
型号		F55，变频可调
出力	t/h	0~30
电动机功率	kW	4
额定电流	A	8.8

5. 湿式球磨机

湿式球磨机规范指标如表 3-13 所示。

表3-13 湿式球磨机规范指标

设计数据	单位	数据
数量	台	2
型式		溢流型湿式球磨机
出力	t/h	25
工作转速	r/min	19.1
尺寸	m	$\phi 3.4 \times 7$
最大装球量	t	75
电动机功率	kW	900
工作电压	kV	6
额定电流	A	109

6. 湿式球磨机再循环箱

湿式球磨机再循环箱规范指标如表3-14所示。

表3-14 湿式球磨机再循环箱规范指标

设计数据	单位	数据
数量	个	2
有效容积	m³	18
尺寸（直径，高度）	m	3.0，2.6
搅拌器型式		顶进式
搅拌器数量	个	1
搅拌器功率	kW	5.5

7. 湿式球磨机再循环泵

湿式球磨机再循环泵规范指标如表3-15所示。

表3-15 湿式球磨机再循环泵规范指标

设计数据	单位	数据
数量	台	2×2
密封形式		机械密封
流量	m³/h	172
扬程	m	35
电动机功率	kW	90
额定电流	A	164.3

8. 石灰石浆液箱

石灰石浆液箱规范指标如表 3-16 所示。

表3-16　石灰石浆液箱规范指标

设计数据	单位	数据
数量	个	1
有效容积	m^3	750
石灰石浆液箱搅拌器形式		顶进式
搅拌器电动机功率	kW	45
额定电流	A	84.7

9. 石灰石浆液泵

石灰石浆液泵规范指标如表 3-17 所示。

表3-17　石灰石浆液泵规范指标

设计数据	单位	数据
数量	台	2
型号		离心式
流量	m^3/h	85
扬程	m	45
电动机功率	kW	37
额定电流	A	70.4

三、石膏脱水系统

1. 石膏旋流器

石膏旋流器规范指标如表 3-18 所示。

表3-18　石膏旋流器规范指标

设计数据	单位	数据
分配流量	m^3/h	200
旋流子		12×2（每套旋流器旋流子12个，其中2个备用）
压力	kPa	170~210
溢流含固量	%	6.9
底流含固量	%	55

2. 废水旋流器给料箱

废水旋流器给料箱规范指标如表3-19所示。

表3-19 废水旋流器给料箱规范指标

设计数据	单位	数据
数量	台	1
尺寸	m	$\phi2.5$，$H=2.5$
有效容积	m^3	11.3
废水旋流器给料箱搅拌器形式		顶进式
电动机功率	kW	2.2
额定电流	A	5.1

3. 废水旋流器给料泵

废水旋流器给料泵规范指标如表3-20所示。

表3-20 废水旋流器给料泵规范指标

设计数据	单位	数据
数量	个	2
流量	m^3/h	45
扬程	m	30
工作电压	V	380
电动机功率	kW	15
额定电流	A	30.3

4. 废水旋流器

废水旋流器规范指标如表3-21所示。

表3-21 废水旋流器规范指标

设计数据	单位	数据
数量	个	1
旋流子		旋流子8个，其中1个备用
阻力	kPa	230
废水旋流器分配箱流量	m^3/h	45

5. 皮带脱水机

皮带脱水机规范指标如表 3-22 所示。

表3-22　皮带脱水机规范指标

设计数据	单位	数据
数量	台	2
出力	t/h	44.7（石膏含水10%）
皮带脱水机电动机功率	kW	15

6. 滤布滤饼冲洗水泵

滤布滤饼冲洗水泵规范指标如表 3-23 所示。

表3-23　滤布滤饼冲洗水泵规范指标

设计数据	单位	数据
数量	台	3
型式		离心式，机械密封
流量	m³/h	23.5

7. 真空泵

真空泵规范指标如表 3-24 所示。

表3-24　真空泵规范指标

设计数据	单位	数据
数量	台	2
型式		水环式
最大吸气量	m³/min	160
工作液流量	m³/h	13
真空压力	kPa	-30~-60
转速	r/min	570
电动机工作电压	kV	6
电动机功率	kW	250
额定电流	A	30.4

8. 废水箱

废水箱规范指标如表3–25所示。

表3–25　废水箱规范指标

设计数据	单位	数据
数量		1
尺寸	m	$\phi 4$，$H=4$
有效容积	m³	46.53
废水箱搅拌器型式		顶进式
电动机功率	kW	5.5
额定电流	A	11.7

9. 废水泵

废水泵规范指标如表3–26所示。

表3–26　废水泵规范指标

设计数据	单位	数据
数量	台	2
型式		离心式，机械密封

10. 滤液水箱

滤液水箱规范指标如表3–27所示。

表3–27　滤液水箱规范指标

设计数据	单位	数据
数量		1
尺寸	m	$\phi 5$，$H=6$
有效容积	m³	92
废水箱搅拌器型式		顶进式
电动机功率	kW	7.5

11. 滤液水泵

滤液水泵规范指标如表3–28所示。

表3-28 滤液水泵规范指标

设计数据	单位	数据
数量	台	2
型式		离心式，机械密封
流量	m^3/h	310
扬程	m	35
电机电压	V	380
电动机功率	kW	75
额定电流	A	139.7

四、工艺水及仪用气系统

1. 工艺水箱

工艺水箱规范指标如表 3-29 所示。

表3-29 工艺水箱规范指标

设计数据	单位	数据
数量	个	1
有效容积	m^3	240
尺寸	m	$\phi 7 \times 6.6$

2. 工艺水泵

工艺水泵规范指标如表 3-30 所示。

表3-30 工艺水泵规范指标

设计数据	单位	数据
数量	台	3
型式		离心泵，机械密封
体积流量	m^3/h	90
扬程	m	40
电动机功率	kW	22
工作电压	V	380
额定电流	A	42.2

3. 除雾器冲洗水泵

除雾器冲洗水泵规范指标如表 3-31 所示。

表3-31　除雾器冲洗水泵规范指标

设计数据	单位	数据
数量	台	3
型式		离心泵，机械密封
体积流量	m^3/h	160
设计压力	MPa	1.6
电动机功率	kW	55
工作电压	V	380
额定电流	A	102.6

五、废水处理系统

1. 中和箱

中和箱规范指标如表3-32所示。

表3-32　中和箱规范指标

设计数据	单位	数据
容积	m^3	18.75
中和箱搅拌器型式		顶进式
电动机功率	kW	2.2
额定电流	A	5.1

2. 沉降箱

沉降箱规范指标如表3-33所示。

表3-33　沉降箱规范指标

设计数据	单位	数据
容积	m^3	18.75
沉降箱搅拌器型式		顶进式
电动机功率	kW	2.2
额定电流	A	5.1

3. 絮凝箱

絮凝箱规范指标如表3-34所示。

表3-34　絮凝箱规范指标

设计数据	单位	数据
容积	m³	18.75
絮凝箱搅拌器型式		顶进式
电动机功率	kW	2.2
额定电流	A	5.1

4. 澄清浓缩器

澄清浓缩器规范指标如表3-35所示。

表3-35　澄清浓缩器规范指标

设计数据	单位	数据
有效容积	m³	120
处理水量	m³/h	20

5. 刮泥机

刮泥机规范指标如表3-36所示。

表3-36　刮泥机规范指标

设计数据	单位	数据
刮泥直径	m	5.4
提升高度	m	2.5
功率	kW	1.1

6. 出水箱

出水箱规范指标如表3-37所示。

表3-37　出水箱规范指标

设计数据	单位	数据
容积	m³	40
出水箱搅拌器型号		顶进式
电动机功率	kW	5.5

7. 出水泵

出水泵规范指标如表3-38所示。

表3-38　出水泵规范指标

设计数据	单位	数据
数量	台	2
型式		离心式
流量	m³/h	30
扬程	m	50
电动机功率	kW	11

8. 压滤机

压滤机规范指标如表3-39所示。

表3-39　压滤机规范指标

设计数据	单位	数据
过滤面积	m²	250
滤室容积	m³	3.75
过滤压力	MPa	≤0.6

9. 污泥输送泵

污泥输送泵规范指标如表3-40所示。

表3-40　污泥输送泵规范指标

设计数据	单位	数据
数量	台	2
流量	m³/h	40

10. 卸碱泵

卸碱泵规范指标如表3-41所示。

表3-41　卸碱泵规范指标

设计数据	单位	数据
型号		离心泵
流量	m³/h	10
电动机功率	kW	3
额定电流	A	6.35

11. 碱计量泵

碱计量泵规范指标如表3-42所示。

表3-42　碱计量泵规范指标

设计数据	单位	数据
数量	台	2
流量	L/h	22

12. 有机硫溶液箱

有机硫溶液箱规范指标如表 3-43 所示。

表3-43　有机硫溶液箱规范指标

设计数据	单位	数据
容积	m^3	0.6
搅拌器转速	r/min	88
电动机功率	kW	0.37

13. 有机硫计量泵

有机硫计量泵规范指标如表 3-44 所示。

表3-44　有机硫计量泵规范指标

设计数据	单位	数据
数量	台	2
流量	L/h	22

14. 絮凝剂计量泵

絮凝剂计量泵规范指标如表 3-45 所示。

表3-45　絮凝剂计量泵规范指标

设计数据	单位	数据
数量	台	2
流量	L/h	22

15. 助凝剂计量泵

助凝剂计量泵规范指标如表 3-46 所示。

表3-46　助凝剂计量泵规范指标

设计数据	单位	数据
数量	台	2
流量	L/h	22

16. 盐酸计量泵

盐酸计量泵规范指标如表3-47所示。

表3-47 盐酸计量泵规范指标

设计数据	单位	数据
数量	台	2
流量	L/h	22

第三节 脱硫系统连锁保护

一、FGD系统与主机逻辑保护

5号锅炉跳闸信号：

（1）浆液循环泵4台均停止运行。

（2）FGD系统失电［380V脱硫PC A段进线断路器（开关）和380V脱硫PC B段进线断路器（开关）均跳闸］。

（3）浆液循环泵任意1台以上运行，原烟气入口温度（3取2）喷水减温后大于180℃。

（4）浆液循环泵任意1台以上运行，净烟气温度（3取2）大于70℃。且事故喷淋系统运行即除雾器冲洗水泵1号或3号运行，5号吸收塔事故喷淋阀未在关状态30min。

（5）5号吸收塔出口净烟气温度大于70℃（3取2），延时5min。

二、烟气系统的连锁及保护

（一）FGD保护动作触发条件

FGD系统运行中：

（1）吸收塔浆液循环泵4台均停止运行。

（2）FGD 系统失电［380V 脱硫 PC A 段进线断路器（开关）和 380V 脱硫 PC B 段进线断路器（开关）均跳闸］。

（3）5 号 FGD 事故喷淋后原烟气温度大于（3 取中值）180℃。

（4）5 号吸收塔净烟气温度（3 取 2 值）大于 70℃。

（二）FGD 保护动作顺控启动（事故喷淋系统顺控启动）

（1）启动 1 号和 3 号除雾器冲洗水泵。

（2）延时 5s，若 1 号除雾器冲洗水泵运行且其 3 号除雾器冲洗水泵出口阀打开，则不启动 3 号除雾器冲洗水泵，若 1 号除雾器冲洗水泵未运行，则启动 3 号除雾器冲洗水泵，若启动失败，则启动 1 号除雾器冲洗水泵。

（3）打开吸收塔入口事故喷淋冲洗系统阀门。

（4）FGD 保护顺控结束。

（三）事故喷淋系统顺控停止自动启动条件

（1）两台以上浆液循环泵运行。

（2）5 号 FGD 原烟气入口温度（3 取中值）不高于 160℃。

（四）事故喷淋系统顺控停止步序

（1）关闭吸收塔入口事故喷淋冲洗系统阀门（60s 停脉冲）。

（2）吸收塔事故喷淋冲洗系统阀门关闭。

（3）当 1 号、3 号除雾器冲洗水泵同时运转时，停止 3 号除雾器冲洗水泵。

三、吸收塔浆液循环泵的逻辑保护

1.循环泵系统顺控启动

循环泵系统顺控启动条件如表 3-48 所示。

表3-48　循环泵系统顺控启动条件

序号	顺序启动条件
1	浆液循环泵停止
2	浆液循环泵无控制回路故障

序号	顺序启动条件
3	浆液循环泵回路保护无动作
4	浆液循环泵机械轴承前后温度<70℃
5	浆液循环泵电动机轴承前后温度<80℃
6	浆液循环泵电动机定子温度（3取2）<110℃
7	吸收塔搅拌器运行3/4
8	吸收塔液位>6m
9	同一台浆液循环泵连续2次启动间隔时间应>5min
10	在同一时间内（60s）没有其他浆液循环泵在启动（两台泵不能同时启动）

2. 浆液循环泵保护

浆液循环泵保护情况如表3-49所示。

表3-49　浆液循环泵保护

启动允许条件	跳闸条件
1. 浆液循环泵停止； 2. 浆液循环泵无控制回路故障； 3. 浆液循环泵回路保护无动作； 4. 浆液循环泵轴承温度<70℃； 5. 浆液循环泵电动机轴承温度<80℃； 6. 浆液循环泵电动机绕组温度<110℃； 7. 吸收塔搅拌器运行3/4； 8. 吸收塔液位>6m； 9. 浆液循环泵进口电动门打开； 10. 浆液循环泵进口排净电动门全关； 11. 浆液循环泵冲洗电动门全关； 12. 浆液循环泵连续2次启动间隔时间应>5min； 13. 浆液循环泵减速机油泵运行	1. 吸收塔液位<5.5m； 2. 浆液循环泵运行，且进口阀全开信号丢失，延时30s； 3. 浆液循环泵机械前轴承温度>85℃； 4. 浆液循环泵机械后轴承温度>85℃； 5. 浆液循环泵电动机前轴承温度>95℃； 6. 浆液循环泵电动机后轴承温度>95℃； 7. 浆液循环泵电动机绕组温度1>130℃； 8. 浆液循环泵电动机绕组温度2>130℃； 9. 浆液循环泵电动机绕组温度3>130℃； 10. 浆液循环泵轴承油温>80℃，延时5s； 11. 浆液循环泵回路保护动作； 12. 浆液循环泵回路故障； 13. 浆液循环泵减速机油泵未运行，延时600s； 14. 浆液循环泵运行，浆液循环泵减速机油泵运行且减速机油压低信号报警，延时600s

3. 浆液循环泵减速机油泵保护

浆液循环泵减速机油泵保护情况如表3-50所示。

表3-50　浆液循环泵减速机油泵保护

启动允许条件	自动停止条件
1. 减速机油泵无控制回路断线和事故跳闸信号； 2. 浆液循环泵顺控启动； 3. 连锁投入	1. 浆液循环泵停止后延时60s停止； 2. 浆液循环泵停止且无故障

四、氧化风系统的逻辑保护

1. 氧化风系统（A/B）逻辑保护

氧化风系统（A/B）逻辑保护情况如表3-51所示。

表3-51　氧化风系统（A/B）逻辑保护

系统顺控启动允许条件	系统顺控停止允许条件
氧化风机未运行	吸收塔液位<10m

2. 氧化风机保护

氧化风机保护情况如表3-52所示。

表3-52　氧化风机保护

启动允许条件	跳闸条件
1.氧化风机出口排空电动门已开； 2.氧化风机无控制电源消失； 3.氧化风机综合保护装置无动作； 4.氧化风机机械前、后轴承温度<85℃； 5.氧化风机电动机绕组温度<110℃； 6.氧化风机电动机前后轴承温度<80℃	1.原烟气挡板全关； 2.净烟气挡板全关，且吸收塔顶部排气阀全关，且持续超过5s； 3.氧化风机机械前、后轴承温度任一高于110℃； 4.氧化风机电动机绕组温度任一高于130℃； 5.氧化风机电动机轴承温度任一高于95℃

3. 氧化风机电动排空阀逻辑保护

氧化风机电动排空阀逻辑保护情况如表3-53所示。

表3-53　氧化风机电动排空阀逻辑保护

保护开条件
一台氧化风机电动排空阀保护开： 1.氧化风母管压力>110kPa； 2.选择5A/5B/5C中运行电流最大的一台氧化风机电动排空阀
两台氧化风机电动排空阀保护开： 1.5A/5B/5C中运行电流最大的一台氧化风机电动排空阀，已触发"氧化风母管压力>110kPa"保护开启； 2.氧化风母管压力>110kPa，延时20s； 3.选择5A/5B/5C电流第二大的一台氧化风机电动排空阀

五、制浆、脱水系统等的逻辑保护

1. 湿式球磨机主电动机保护

湿式球磨机主电动机保护情况如表3-54所示。

表3-54　湿式球磨机主电机保护

启动允许条件	跳闸条件（延时3s）
1. 高低压润滑油站油箱油温高于15℃； 2. 高低压润滑油站油箱油位不低； 3. 稀油站低压油泵1或2运行； 4. 稀油站低压油压力正常； 5. 稀油站1号高压油泵运行且高压油泵1压力正常； 6. 稀油站2号高压油泵运行且高压油泵2压力正常； 7. 石灰石浆液箱液位低于4.5m； 8. 稀油站邮箱油温不低； 9. 稀油站供油口油温不高； 10. 允许启动湿式球磨机信号； 11. 湿式球磨机减速机无重故障和轻故障； 12. 湿式球磨机1号或2号减速机油泵运行	1. 湿式球磨机减速机油站重故障，延时120s； 2. 高低压润滑油站低压供油温高于55℃，延时5s； 3. 湿式球磨机机械前轴承温度高于50℃，延时5s； 4. 湿式球磨机机械后轴承温度高于50℃，延时5s； 5. 石灰石浆液箱液位高于5.8s； 6. 湿式球磨机回路保护动作； 7. 湿式球磨机稀油站故障停磨机； 8. 湿式球磨机稀油站系统电源消失； 9. 湿式球磨机电动机前轴承温度高于95℃，延时5s； 10. 湿式球磨机电动机后轴承温度高于95℃，延时5s； 11. 湿式球磨机定子绕温度1高于130℃，延时5s； 12. 湿式球磨机定子绕组温度2高于130℃，延时5s； 13. 湿式球磨机定子绕组温度3高于130℃，延时5s； 14. 湿式球磨机齿轮箱前、后轴承温度任一高于80℃
停止允许	
1. 称重皮带给料机未运行； 2. 1号和2号高压油泵运行，延时60s； 3. 允许停止湿式球磨机信号	

2. 皮带脱水机保护

皮带脱水机保护情况如表3-55所示。

表3-55　皮带脱水机保护

启动允许条件	跳闸条件
1. 真空皮带脱水机无滤布走偏信号（驱动侧）； 2. 真空皮带脱水机无滤布走偏信号（操作侧）； 3. 真空皮带脱水机无滤布断裂信号； 4. 真空皮带脱水机无胶带走偏信号（驱动侧）； 5. 真空皮带脱水机无胶带走偏信号（操作侧）； 6. 真空皮带脱水机无紧急拉绳开关（驱动侧）； 7. 真空皮带脱水机无紧急拉绳开关（操作侧）； 8. 无气液分离器液位高信号； 9. 无滤布冲洗水箱液位低信号； 10. 真空泵密封水进口阀全关； 11. 滤布滤饼冲洗水泵运行； 12. 真空泵停止； 13. 无真空泵控制电源失电和保护动作信号； 14. 脱水机变频器无故障信号； 15. 脱水机未运行； 16. 真空泵密封水流量不低； 17. 脱水机滤布冲洗水流量不低	1. 脱水机滤布冲洗水流量低，延时120s； 2. 真空皮带脱水机紧急拉绳开关动作（驱动侧）； 3. 真空皮带脱水机紧急拉绳开关动作（操作侧）； 4. 真空皮带脱水机滤布走偏报警（驱动侧），延时120s； 5. 真空皮带脱水机滤布走偏报警（操作侧），延时120s； 6. 真空皮带脱水机滤布断裂； 7. 真空皮带脱水机滤布胶带走偏（驱动侧），延时20s； 8. 真空皮带脱水机皮带胶带走偏（操作侧），延时20s； 9. 滤布冲洗水泵连锁未投入且滤布滤饼冲洗水泵未运行； 10. 滤布冲洗水泵连锁投入和滤布滤饼冲洗水泵都未运行； 11. 真空泵跳闸； 12. 真空泵密封水流量低，延时20s

3. 真空泵保护

真空泵保护情况如表3-56所示。

表3-56 真空泵保护

启动允许条件	跳闸条件
1.真空泵密封水进口阀全开； 2.真空泵密封水无流量低信号； 3.真空皮带脱水机气液分离器液位无高信号； 4.真空泵无控制回路断线和保护动作信号； 5.真空泵停运时间超过600s； 6.真空皮带脱水机运行	1.气液分离器液位高，延时10s； 2.真空泵密封水流量低，延时20s； 3.真空泵控制回路断线或保护动作； 4.真空皮带脱水机未运行； 5.滤布冲洗水泵连锁未投入且滤布滤饼冲洗水泵未运行； 6.滤布冲洗水泵连锁投入且滤布滤饼冲洗水泵都未运行； 7.真空泵电动机前、后轴承温度高于95℃； 8.真空泵电动机定子绕组温度1高于130℃； 9.真空泵电动机定子绕组温度2高于130℃； 10.真空泵电动机定子绕组温度3高于130℃； 11.真空泵气液分离器负压高于-3kPa，延时300s

第四节 FGD 系统运行参数控制调整

一、烟气系统

（1）入口原烟气的粉尘含量不大于 $30mg/Nm^3$。烟气的粉尘含量过高，将导致系统反应恶化，表现为脱硫效率低下、皮带机脱水困难等。

（2）入口烟气 SO_2 浓度设计值为 $1800mg/Nm^3$。必须时刻监视该参数，当超出设计值时，应及时汇报值长，调整入炉煤硫份，保证出口参数达标排放。

（3）出口烟气的 SO_2 含量不大于 $35mg/Nm^3$。必须时刻监视该参数，当出现偏差时，应综合分析锅炉负荷、入口烟气的 SO_2 含量、浆液循环泵的工作台数、浆液的 pH 值等影响因素。

二、吸收塔系统

（1）吸收塔正常液位保持在 10.5~11.5m 正常范围内，溢流口标高 13.5m，原烟道底部标高14.5m。吸收塔液位过高时，吸收塔内的浆液容易倒流入FGD进口烟道，长时间高液位运行会在原烟道形成石膏垢，大量浆液倒灌，可能引起锅炉引风机跳闸；液位过低时，影响浆液循环泵的安全运行及浆液氧化的空间。

（2）吸收塔浆液的pH值保持在5.2~5.8范围内。过低会导致浆液失去吸收能力；而过高，系统则会产生吸收塔浆液石灰石闭塞现象或结垢堵塞的严重后果。pH值主要通过石灰石供浆量进行在线动态调节，以适应锅炉操作波动和工况变化。

（3）吸收塔浆液浓度保持在13%~20%，相应密度1080~1130kg/m³，最大不能超过1150kg/m³。密度过低，会导致浆液内石膏结晶困难及皮带机脱水困难；密度过高，则会使系统磨损增大。

（4）吸收塔内浆液的氯离子浓度，宜保持在10000mg/L以下。过高，对系统腐蚀严重，则对材料的材质提出更高的要求；过低，则废水排放量将过大，造成工质浪费。

（5）控制石膏旋流器进口压力在170kPa左右，旋流器底流含固量为45%~55%，溢流含固量为6.9%。

（6）除雾器要定时冲洗。冲洗时，要注意观察除雾器冲洗水泵电流、除雾器冲洗水压力、流量之间变化。除雾器正常冲洗水流量为103m³/h。单个冲洗水阀流量过大，要排查该冲洗水管是否断裂；反之，单个冲洗水阀流量过小，应排查该冲洗水管喷嘴是否堵塞。

（7）氧化风机定期切换时，须保证一台氧化风机正常对吸收塔供气，严禁两台氧化风机同时停运。

（8）吸收塔通烟气前，应至少投运一台浆液循环泵，使浆液在吸收塔内正常循环流动。当吸收塔入口原烟气温度超过60℃时，启动第二台浆液循环泵。正常运行，吸收塔应至少保持两台浆液循环泵运行。

三、公用系统

（1）湿式球磨机再循环箱密度一般控制在1350~1450kg/m³，再循环箱密度稳定后，控制石灰石浆液漩流站进入口压力在130~170kPa，石灰石浆液细度要求＜44μm，过筛率要求325目通过率大于90%，调整石灰石浆液浓度保持在1200~1250kg/m³（含固量为25%~30%）。湿式球磨机长时间停运，若重新启动，必须启动慢传电机慢传湿式球磨机。

（2）工艺水补水由工业废水或电厂循环水排水母管输入工艺水箱。正常运行时，工艺水泵两运一备。工艺水压力保持在 0.5~0.55MPa。

（3）正常运行时除雾器冲洗水泵 2 运 1 备，除雾器冲洗水泵出口压力应保持在 0.7MPa 以上。

（4）石膏产品分析项目及控制标准如表 3–57 所示。

表3–57　石膏产品分析项目及控制标准

指标名称		单位	控制标准
水分		%	≤10
固体分析	$CaCO_3$	%	≤3
	$CaSO_3 \cdot 1/2H_2O$	%	≤0.5
	$CaSO_4 \cdot 2H_2O$	%	≥90

第五节　脱硫系统启停

一、脱硫系统启动

接值长通知主机准备启动，脱硫装置预先启动。启动允许条件为：

（1）主机允许脱硫系统启动。

（2）吸收塔液位 7.0~7.5m。

（3）石灰石浆液液位不低于 4.5m。

（4）石灰石仓料位不低于 8m。

（5）工艺水箱液位不低于 5m。

（6）仪用压缩空气压力不低于 0.5MPa。

（一）冷态空塔启动时脱硫装置启动步序

1.操作步序

（1）启动压缩空气系统。

（2）启动石灰石上料系统。

（3）启动工艺水系统（冲洗、冷却）。

（4）向吸收塔注水、进浆。

（5）启动浆液循环泵系统。

（6）启动石灰石制浆系统。

（7）启动相应的辅助系统。

2. 脱硫系统启动前准备工作

（1）机组长期停运或大修后的启动，完成各项主辅设备的单机及系统调试，并详细记录各种原始数据，确认其在规程规定的范围内，确认脱硫 DCS 控制系统的逻辑关系正确、保护和连锁试验动作正常。

（2）接到启动命令后，各岗位值班员应对所属设备做全面详细检查，发现缺陷及时联系检修消除并验收合格。

（3）FGD 设备及系统检查完成后，联系热控、电气专业人员，对具备送电条件的热控系统和辅机设备送电，并进行启动前的相关检查和试验。

（4）所有工作票已收回，措施已恢复，系统阀门位置正确，各设备已处于热备用状态。

3. 脱硫系统启动步序

（1）启动压缩空气系统。

（2）石灰石仓料位低于 8m 时，启动上料系统。

（3）启动工艺水泵、除雾器冲洗水泵系统。

（4）吸收塔进水到液位 3m 以上，启动 4 台吸收塔搅拌器。

（5）将事故浆液箱内的浆液补至吸收塔内。

（6）将吸收塔地坑泵管道倒至吸收塔运行。

（7）当吸收塔液位达到 5.3m 时，对氧化风管进行冲洗，通烟前启动一台氧化风机。

（8）当吸收塔液位达到 7m 时停止注液，停运事故浆液泵并冲洗管道，通烟前启动一台浆液循环泵。

（9）导通石灰石供浆泵至吸收塔管道，冲洗进出口管道，启动石灰石供浆泵运行，检查供浆正常，完成吸收塔配浆。

（10）手动试验事故喷淋系统动作正常。

（11）打开吸收塔出口净烟气挡板，关闭吸收塔排空电动门。

（12）通知主机允许通烟。

（13）机组启动，引风机出口烟气挡板打开与引风机启动（主机 DCS 控制），密封风机系统连锁停运。

（14）除雾器冲洗系统处于备用状态（根据吸收塔液位来调整冲洗时间）。

（15）密切监视吸收塔浆液 pH 值及净烟气 SO_2 排放值。当吸收塔浆液 pH 值低于 5.2 或 SO_2 排放数值大于 30mg/Nm³ 时，投入石灰石供浆系统，将吸收塔石灰石浆液调整门投入自动，将 pH 值控制在 5.2~5.8 之间。

（16）根据工况注入工艺水或投入除雾器冲洗系统。将吸收塔液位提升到正常工作液位 10.5~11.5m。

（17）当吸收塔入口原烟气温度超过 60℃时，启动第二台浆液循环泵（注：禁止启动同一 6kV 脱硫供电段内的两台浆液循环泵）。

（18）当机组油枪撤离，电除尘投入；机组负荷稳定在 100MW 以上时，启动第二台氧化风机。

（19）按照正常工况进行控制和调整，根据负荷和原烟气 SO_2 含量启动浆液循环泵台数（3 台或 4 台）；根据出口 SO_2 含量控制吸收塔浆液 pH 值为 5.2~5.8。

（20）密切监视吸收塔浆液密度，当吸收塔浆液密度达到 1130kg/m³ 时，通过石膏排出泵进行脱水。

（21）石灰石浆液箱液位低于 4.5m 时，启动石灰石制浆系统。

（22）脱硫系统冷态空塔启动完成。

（二）锅炉处于停机保温状态时脱硫装置启动步序

吸收塔浆液维持液位在 7.5~8.5m，吸收塔搅拌器 4 台处于运行状态，氧化风机至少一台处于运行状态。

（1）石灰石仓料位低于 8m 时，启动上料系统。

（2）检查工艺水泵运行正常、启动除雾器冲洗水泵。

（3）打开吸收塔出口净烟气挡板，连锁关闭吸收塔排空电动门。

（4）检查再运氧化风机正常运行。

（5）启动一台浆液循环泵运行。

（6）通知主机具备通烟条件。

（7）机组启动，引风机出口烟气挡板打开，引风机启动（主机 DCS 控制），密封风机系统连锁停运。

（8）除雾器冲洗系统处于备用状态（根据吸收塔液位来调整好冲洗时间）。

（9）密切监视吸收塔浆液 pH 值及净烟气 SO_2 排放值；当吸收塔浆液 pH 值低于 5.2 或 SO_2 硫排放数值大于 $30mg/Nm^3$ 时，投入石灰石供浆系统，将吸收塔石灰石浆液调整门投入自动，将 pH 值控制在 5.2~5.8 之间。

（10）根据工况注入工艺水或启动事故浆液泵，将吸收塔液位提升到正常工作液位 10.5~11.5m。

（11）当吸收塔入口原烟气温度超过 60℃时，启动第二台浆液循环泵（注：禁止启动同一 6kV 脱硫供电段内的两台浆液循环泵）。

（12）当机组油枪撤离，电除尘投入；机组负荷稳定在 100MW 以上时，启动第二台氧化风机。

（13）按照正常工况进行控制和调整，根据负荷和原烟气二氧化硫含量启动浆液循环泵台数（3 台或 4 台）；根据出口 SO_2 含量控制吸收塔浆液 pH 值为 5.2~5.8。

（14）密切监视吸收塔浆液密度，当吸收塔浆液密度达到 $1130kg/m^3$ 时，通过石膏排出泵进行脱水。

（15）石灰石浆液箱液位低于 4.5m 时，启动石灰石制浆系统。

（16）脱硫系统热态启动完成。

二、脱硫系统停运

FGD 装置的停运，可分为短时停运（数小时）、短期停运（数日）和长期停运（机组大修）。

FGD 系统停运前，一定要得到环保部门的批准，根据值长的命令进行停运操作。在停运过程中，特别是与烟气系统相关的操作，应与锅炉运行人员密切联系，平稳操作，以保证锅炉的运行安全和 FGD 的安全停运。

FGD 烟气系统停运后，FGD 进口烟温低于 60℃（值长告：锅炉强制通风结束），方可停运最后一台吸收塔浆液循环泵；吸收塔浆液循环泵全部停运后，对除雾器全面冲洗一次，防止除雾器结垢；需要排空吸收塔时，要将塔内浆液尽量导入事故浆液箱作为下次 FGD 启动的石膏晶种；吸收塔排空后，要通过对氧化风管、除雾器、搅拌器、液位计、pH 计、循环泵入口管道、石膏排出泵入口管道等相关设备全面冲洗，排出沉积浆液。

1. 脱硫装置整体停运应具备的条件

（1）主机已停运。

（2）联系值长确定主机降温工作已结束。

（3）吸收塔入口原烟气温度低于 60℃。

2. 机组长期停运时脱硫装置停运步序

（1）停止石灰石浆液泵供浆，并冲洗干净疏放。

（2）停止浆液循环泵，如无设备检修计划时，管道冲洗干净后将管道注满工艺水。

（3）停止一台氧化风机运行。

（4）将吸收塔浆液的密度降至 $1100kg/m^3$ 以下后，停止脱水系统及石膏排出泵，并冲洗干净，防止管道堵塞。

（5）启动石膏排出泵向事故浆液箱排浆。

（6）锅炉引风机停运后，顺控冲洗一轮除雾器，退出除雾器冲洗水系统连锁。

（7）将吸收塔排水坑泵出口切换至事故浆液箱，关闭机加池来水手动门，退出滤液水至吸收塔电动门连锁，关闭滤液水至吸收塔电动门并打禁操。

（8）待吸收塔液位降至 6.5m 时冲洗吸收塔密度计、pH 计。关闭吸收塔密度计罐进、出口手动门。用工艺水封存 pH 计，联系热工人员取走 pH 计进行保养。

（9）当液位降至 5.3m 时，停运最后一台氧化风机，关闭氧化风减温水，并依次冲洗吸收塔内各氧化风支管。

（10）待吸收塔液位降至 3.5m 以下时，解除 4 台吸收塔搅拌器连锁，停止运行并进行冲洗。

（11）当液位降至 2m 时，停止石膏排出泵，进行冲洗，开启吸收塔排净手动门，将塔内残余浆液排到吸收塔排水坑内。

（12）联系检修，打开吸收塔人孔门将吸收塔底部石膏浆液冲走。

（13）将各停运设备轴封水关闭，控制吸收塔排水坑及事故浆液箱液位。

（14）根据石灰石浆液箱液位，停运制浆系统。

（15）根据废水箱液位，停运废水系统。

3. 机组短期停运时脱硫装置停止步序

（1）停止石灰石浆液泵，并冲洗干净疏放。

（2）停止浆液循环泵，如无设备检修计划时，管道冲洗干净后将管道注满工艺水。

（3）保持一台氧化风机运行。

（4）将吸收塔浆液的密度降至 $1100kg/m^3$ 以下后，停止脱水系统及石膏排出泵，并冲洗干净，防止管道堵塞。

（5）根据实际工况，启动石膏排出泵切换至事故浆液箱，调整吸收塔液位至 7.5~8.5m。

（6）将吸收塔排水坑泵切换至事故浆液箱，关闭机加池来水至吸收塔手动门，退出滤液水至吸收塔电动门连锁，关闭滤液水至吸收塔电动门并打"禁操"。

（7）将吸收塔密度计罐冲洗干净后，关闭吸收塔密度计罐进、出口手动门，用工艺水封存 pH 计，联系热工人员取走 pH 计进行保养。

（8）将各停运设备轴封水关闭，控制吸收塔排水坑及事故浆液箱液位。

三、脱硫系统主要设备启停

（一）工艺水系统设备的启停

1. 工艺水泵的启动

（1）确认工艺水泵启动前检查已执行。

（2）打开工艺水泵轴封水手动门，确认水流畅通。

（3）打开工艺水泵进口手动门。

（4）启动工艺水泵。

（5）缓慢打开工艺水泵出口手动门。

（6）检查工艺水母管压力正常（大于 0.50MPa）。

（7）检查工艺水泵运行振动，温度正常。

（8）根据系统要求设置一台工艺水泵为备用水泵。

2. 工艺水泵的停止

（1）确认工艺水泵停运不会对系统造成影响。

（2）停止工艺水泵。

（3）关闭工艺水泵进口手动门。

（4）关闭工艺水泵出口手动门。

（二）吸收塔搅拌器的启停

1. 吸收塔搅拌器的启动

（1）确认吸收塔搅拌器启动前检查已执行，具备启动条件。

（2）确认吸收塔液位大于 3.0m。

（3）选择并启动吸收塔搅拌器。

（4）检查吸收塔搅拌器电流正常，启动正常。

（5）投入吸收塔搅拌器连锁。

2. 吸收塔搅拌器的停止

（1）确认吸收塔液位已允许搅拌器停运要求（小于 3.5m）。

（2）吸收塔液位保护停运搅拌器停运（小于 3.0m）。

（3）选择吸收塔搅拌器，解除连锁。

（4）选择吸收塔搅拌器，停止运行。

（三）氧化风机的启停

1. 氧化风机的启动

（1）确认氧化风机启动前检查已执行完毕，具备启动条件。

（2）关闭氧化风机出口电动门。

（3）打开氧化风机排空电动门。

（4）启动氧化风机。

（5）打开氧化风机出口电动门。

（6）打开吸收塔氧化风母管减温水手动门，检查氧化风母管温度低于 50℃。

（7）关闭排空电动门，检查氧化风机电流、流量、出口压力正常。

2. 氧化风机的停止

（1）确认氧化风机的停运不会对吸收塔系统造成影响。

（2）开启氧化风机出口排空电动门，延时 30s。

（3）关闭氧化风机出口电动门。

（4）停运氧化风机。

（5）就地关闭吸收塔氧化风减温水手动门（氧化风机全部停运时）。

（6）待氧化风机完全停运后，关闭出口排空电动门。

（四）浆液循环泵的启停

1.浆液循环泵的启动

（1）确认浆液循环泵启动前检查已执行完毕，具备启动条件。

（2）确认浆液循环泵轴封水投运正常。

（3）确认浆液循环泵减速机油系统投运正常。

（4）确认浆液循环泵冲洗电动门在关闭位置。

（5）确认浆液循环泵排净电动门在关闭位置。

（6）打开浆液循环泵进口电动门。

（7）检查管道注浆过程中泵体正转（判断泵体是否卡涩）。

（8）启动浆液循环泵。

（9）观察运行电流正常，出口压力正常，就地无异声，温度、振动正常。

（10）注意检查吸收塔液位变化，防止吸收塔溢流。

2.浆液循环泵的停止

（1）选择浆液循环泵，停止运行，延时 60s。

（2）关闭浆液循环泵进口电动门。

（3）打开浆液循环泵排净电动门，排放完毕后关闭，排水时注意排水沟溢流。

（4）打开浆液循环泵冲洗电动门，进行冲洗。

（5）打开浆液循环泵排净电动门，排放完毕后关闭（根据排出水的浑浊情况可重复操作至冲洗干净）。

（6）打开浆液循环泵冲洗电动门，对浆液循环泵管道进行注液后关闭浆液循环泵冲洗门。

（7）停止浆液循环泵减速机油系统。

（五）吸收塔排水坑系统的启停

1.排水坑搅拌器的启动

（1）确认吸收塔排水坑搅拌器启动前检查已执行完毕，具备启动条件。

（2）确认吸收塔排水坑液位 > 0.9m。

（3）启动吸收塔排水坑搅拌器。

（4）检查吸收塔排水坑搅拌器启动、运行电流正常。

（5）就地检查吸收塔排水坑搅拌器无漏油、渗油现象，无异声，振动正常。

（6）投入吸收塔排水坑搅拌器连锁。

2. 排水坑搅拌器的停止

（1）确认吸收塔排水坑液位低于 1.2m，已经允许吸收塔排水坑搅拌器停运。

（2）解除吸收塔排水坑搅拌器液位连锁。

（3）选择吸收塔排水坑搅拌器停运。

（4）就地确认吸收塔排水坑搅拌器已停运。

3. 排水坑泵的启动

（1）确认吸收塔排水坑泵启动前检查已执行完毕，具备启动条件。

（2）确认吸收塔排水坑液位已达启动条件。

（3）打开吸收塔排水坑泵轴封水手动门，确认水流畅通。

（4）打开吸收塔排水坑泵自吸罐补水电动门。

（5）关闭吸收塔排水坑泵出口电动门。

（6）启动吸收塔排水坑泵，观察启动电流正常。

（7）打开吸收塔排水坑泵出口电动门。

（8）关闭吸收塔排水坑泵自吸罐补水电动门，观察出口压力正常。

（9）将吸收塔排水坑泵投入液位连锁。

4. 排水坑泵的停止

（1）确认吸收塔排水坑液位已降至 1m，达到吸收塔排水坑泵停止运行条件。

（2）解除吸收塔排水坑泵液位连锁。

（3）选择吸收塔排水坑泵停运。

（4）延时 1min，关闭吸收塔排水坑泵出口电动门。

（5）打开吸收塔排水坑泵冲洗电动门冲洗出口管道，延时 1min。

（6）关闭吸收塔排水坑泵冲洗电动门。

（7）打开吸收塔排水坑泵出口电动门，延时 1min。

（8）关闭吸收塔排水坑泵出口电动门。

（9）打开吸收塔排水坑泵自吸罐排放阀，延时 1min。

（10）关闭吸收塔排水坑泵自吸罐排放阀。

（六）石膏排出泵的启停

1. 石膏排出泵的启动

（1）确认石膏排出泵启动前检查已执行完毕，具备启动条件。

（2）打开石膏排出泵轴封水手动门，确认水流畅通。

（3）确认石膏排出泵出口电动门关闭。

（4）打开石膏排出泵冲洗水电动门。

（5）打开石膏排出泵进口电动门，延时 30s。

（6）关闭石膏排出泵冲洗水电动门。

（7）打开石膏排出泵再循环电动门。

（8）确认后启动石膏排出泵。

（9）打开石膏排出泵出口电动门。

（10）关闭石膏排出泵再循环电动门。

（11）检查石膏排出泵电流正常。

2. 石膏排出泵的停止

（1）选择石膏排出泵，停止运行。

（2）关闭石膏排出泵出口电动门。

（3）打开石膏排出泵冲洗电动门，延时 30s。

（4）关闭石膏排出泵进口电动门。

（5）打开石膏排出泵出口电动门，延时 120s。

（6）关闭石膏排出泵冲洗电动门。

（7）打开石膏旋流器进口管道冲洗电动门。

（8）冲洗 5min，关闭石膏旋流器进口管道冲洗电动门。

（9）打开石膏旋流器进口管道排净门。

（10）排净后，关闭石膏旋流器进口管道排净门。

（11）打开石膏排出泵排净手动门。

（12）排净后，关闭石膏排出泵出口电动门和排净手动门。

（七）石灰石上料系统的启停

1. 石灰石上料系统的启动

（1）确认石灰石上料系统启动前检查执行完毕。

（2）确认卸料斗已卸合格石料。

（3）启动斗提机，运行正常后，确认石灰石仓顶布袋除尘器、石灰石斗提机除尘器、石灰石卸料斗布袋除尘器连锁启动正常。

（4）启动振动给料机，运行正常后，确认石灰石除铁器连锁启动正常。

（5）打开石灰石卸料斗手动插板门，检查确认上料正常。

（6）视下料情况，启动钢箅振打器。

（7）观察石灰石仓的料位，充满后及时停止对地面卸料斗上料。

2. 石灰石上料系统的停止

（1）确认石灰石料仓已满或卸料斗无料，上料系统停止条件达到，允许停止。

（2）关闭石灰石卸料斗插板门。

（3）待振动给料机上无料时停运振动给料机。

（4）停运除铁器。

（5）停运卸料斗布袋除尘器。

（6）待斗提机内无料时停运斗提机。

（7）停运石灰石仓布袋除尘器。

（八）石灰石浆液制备系统的启停

1. 石灰石浆液制备系统的启动

（1）确认石灰石浆液制备系统启动前检查已执行，已具备启动条件。

（2）启动湿式球磨机润滑油系统。

（3）启动湿式球磨机高压油泵。

（4）根据湿式球磨机再循环箱液位，启动湿式球磨机再循环泵，调整石灰石旋流器压力至 130~170kPa。

（5）石灰石浆液分配箱 1 号电动推杆打至再循环箱位置，2 号电动推杆打至再循环箱位置。

（6）开启湿式球磨机头部进水电动调节门，投入自动。

（7）启动湿式球磨机主电机。

（8）开启湿式球磨机再循环箱进水电动调节门，投入自动。

（9）启动称重给料机。

（10）根据工况调整给料量。

（11）将石灰石浆液分配箱 2 号电动推杆推至磨机头。

（12）调节湿式球磨机水料比，保证湿式球磨机再循环箱液位平衡和浓度达标。

2. 石灰石浆液制备系统的停止

（1）检查确认石灰石浆液制备系统已具备停运条件。

（2）关闭石灰石料仓插板门。

（3）检查确认称重给料机已无料，停运称重给料机。

（4）确认湿式球磨机内物料明显减少，湿式球磨机电流已下降，石灰石浆液分配箱 1 号电动推杆打至再循环箱位置。

（5）启动湿式球磨机高压油泵，油压正常。

（6）停止湿式球磨机主电机。

（7）关闭湿式球磨机头部进水电动调节门。

（8）关闭湿式球磨机再循环箱进水电动调节门。

（9）根据湿式球磨机再循环箱液位及管道冲洗情况，停止湿式球磨机再循环泵。

（10）待湿式球磨机停稳以后，停止湿式球磨机油系统。

3. 湿式球磨机油系统的启动

（1）确认湿式球磨机油系统启动前检查卡执行完毕，湿式球磨机油系统具备启动条件。

（2）启动湿式球磨机低压油泵，观察出口压力（不低于 0.25MPa）正常。

（3）启动湿式球磨机高压油泵，确认湿式球磨机高压油泵联起正常，确认高压油泵出口压力正常（大于 5MPa）。

（4）检查湿式球磨机高 / 低压油系统各管路畅通，无泄漏，回油正常。

（5）检查湿式球磨机前后大瓦喷油均匀，油膜形成完整。

（6）检查湿式球磨机高 / 低压油系统油温小于 45℃，冷却水路畅通。

（7）启动湿式球磨机减速机油泵。

（8）检查湿式球磨机减速机油系统各管路畅通，无泄漏，油压正常。

（9）检查湿式球磨机喷射供气压力正常 ≥ 0.50MPa，启动湿式球磨机喷射油泵。

（10）检查湿式球磨机喷射油泵运行正常，油压正常。

（11）通过大小齿轮观察孔检查喷油均匀，喷头无堵塞。

4. 湿式球磨机再循环泵的启动

（1）确认湿式球磨机再循环泵启动前检查已执行，已具备启动条件。

（2）打开湿式球磨机再循环泵冲洗电动门。

（3）开启湿式球磨机再循环泵进口电动门，冲洗 30s。

（4）关闭湿式球磨机再循环泵进口电动门。

（5）打开湿式球磨机再循环泵出口电动门，冲洗 120s，确认管道及旋流子通畅无堵塞。

（6）关闭湿式球磨机再循环泵冲洗电动门。

（7）关闭湿式球磨机再循环泵出口电动门。

（8）打开湿式球磨机再循环泵进口电动门。

（9）启动湿式球磨机再循环泵，观察湿式球磨机再循环泵电流，出口压力正常。

（10）开启湿式球磨机再循环泵出口电动门，开启至旋流器手动门调整出口压力到正常。

5. 湿式球磨机再循环泵的停止

（1）选择湿式球磨机再循环泵，停运。

（2）检查湿式球磨机再循环泵出口电动门连锁关闭。

（3）打开湿式球磨机再循环泵冲洗电动门。

（4）打开湿式球磨机再循环泵进口电动门，延时 30s。

（5）关闭湿式球磨机再循环泵进口电动门。

（6）打开湿式球磨机再循环泵出口电动门，延时 120s。

（7）关闭湿式球磨机再循环泵冲洗电动门。

（8）打开湿式球磨机再循环泵排净手动门。

（9）排放完成后关闭湿式球磨机再循环泵排净手动门，关闭湿式球磨机再循环泵出口电动门。

6. 湿式球磨机再循环箱搅拌器启动

（1）确认湿式球磨机再循环箱搅拌器启动前检查已执行完毕，具备启动条件。

（2）确认湿式球磨机再循环箱液位（注入工艺水）已达启动条件（>1.0m）。

（3）确认后启动湿式球磨机再循环箱搅拌器。

（4）检查湿式球磨机再循环箱搅拌器启动、运行电流正常。

（5）就地检查湿式球磨机再循环箱搅拌器无漏油、渗油现象，无异声，振动正常。

（6）就地检查湿式球磨机再循环箱搅拌器减速机温度（低于80℃），温升不超过45℃。

（7）就地检查湿式球磨机再循环箱搅拌器各连接处的紧固件是否松动，要保持外表清洁。

（8）投入湿式球磨机再循环箱搅拌器连锁。

7. 湿式球磨机再循环箱搅拌器停止

（1）确认湿式球磨机制浆系统已停运。

（2）确认湿式球磨机再循环箱浆液经过稀释密度低于1080kg/m³。

（3）当湿式球磨机再循环箱液位低于0.8m，允许再循环箱搅拌器停运。

（4）解除湿式球磨机再循环箱搅拌器液位连锁。

（5）选择湿式球磨机再循环箱搅拌器停运。

（6）就地确认湿式球磨机再循环箱搅拌器已停运。

（九）石灰石浆液供给系统的启停

1. 石灰石浆液泵的启动

（1）确认已经执行石灰石浆液泵启动前检查，具备启动条件。

（2）关闭石灰石浆液泵进口电动门。

（3）打开石灰石浆液泵冲洗电动门。

（4）打开石灰石浆液泵出口电动门，冲洗120s，确认管道畅通，无泄漏。

（5）关闭石灰石浆液泵出口电动门。

（6）打开石灰石浆液泵进口电动门，冲洗30s。

（7）关闭石灰石浆液泵冲洗电动门。

（8）启动石灰石浆液泵。

（9）开启石灰石浆液泵出口电动门，观察石灰石浆液泵出口压力，电流正常。

（10）根据脱硫吸收塔运行情况，调整石灰石浆液进吸收塔调整门大小并投入自动。

2. 石灰石浆液泵的停止

（1）确认石灰石浆液泵具备停运条件，已可停运。

（2）选择石灰石浆液泵停运。

（3）就地确认石灰石浆液泵已停运。

（4）检查石灰石浆液泵出口电动门连锁关闭。

（5）开启石灰石浆液泵冲洗水电动门，冲洗 30s。

（6）关闭石灰石浆液泵进口电动门。

（7）打开石灰石浆液泵出口电动门，冲洗 120s。

（8）关闭石灰石浆液泵冲洗水电动门。

（9）打开石灰石浆液泵排净手动门。

（10）排放完成后，关闭石灰石浆液泵出口电动门，关闭石灰石浆液泵排净手动门。

3. 石灰石浆液箱搅拌器的启动

（1）确认石灰石浆液箱搅拌器启动前检查已执行完毕，具备启动条件。

（2）确认石灰石浆液箱液位（注入工艺水）已达启动条件（＞1.1m）。

（3）确认后启动石灰石浆液箱搅拌器。

（4）检查石灰石浆液箱搅拌器启动、运行电流正常。

（5）就地检查石灰石浆液箱搅拌器无漏油、渗油现象，无异声，振动正常。

（6）就地检查石灰石浆液箱搅拌器减速机温度（低于80℃），温升不超过45℃。

（7）就地检查石灰石浆液箱搅拌器各连接处的紧固件无松动，外表清洁。

（8）投入石灰石浆液箱搅拌器连锁。

4. 石灰石浆液箱搅拌器的停止

（1）确认制浆系统已停运。

（2）确认石灰石浆液箱内浆液经过反复稀释，密度已低于 $1080kg/m^3$。

（3）当石灰石浆液箱液位低于 1.1m 时，允许石灰石浆液箱搅拌器停运。

（4）解除石灰石浆液箱搅拌器液位连锁。

（5）选择石灰石浆液箱搅拌器停运。

（6）就地确认石灰石浆液箱搅拌器已停运。

（十）脱水系统设备的启停

1. 滤布滤饼冲洗水泵的启动

（1）确认滤布滤饼冲洗水泵系统启动前检查执行完毕。

（2）打开滤布滤饼冲洗水箱进口手动门。

（3）打开滤布滤饼冲洗水泵进口手动门。

（4）启动滤布滤饼冲洗水泵。

（5）打开滤布滤饼冲洗水泵出口手动门。

（6）投入备用滤布滤饼冲洗水泵连锁。

2. 滤布滤饼冲洗水泵的停止

（1）检查确认滤布滤饼冲洗水泵已具备停运条件。

（2）解除备用滤布滤饼冲洗水泵连锁。

（3）选择滤布滤饼冲洗水泵停运。

（4）就地确认滤布滤饼冲洗水泵已停止运行。

（5）关闭滤布滤饼冲洗水泵出口手动门。

（6）关闭滤布滤饼冲洗水泵进口手动门。

3. 滤液水泵的启动

（1）确认滤液水泵启动前检查执行完毕。

（2）关闭滤液水泵排净手动门。

（3）打开滤液水泵轴封水门，确认水流畅通，调整水压适当。

（4）打开滤液水泵进口电动门。

（5）打开滤液水泵冲洗电动门，冲洗后关闭冲洗电动门。

（6）选择滤液水泵启动。

（7）确认滤液水泵出口电动门开启。

（8）检查滤液水泵电流正常，出口压力正常。

（9）投入备用滤液水泵连锁。

4. 滤液水泵的停止

（1）检查确认滤液水泵已具备停运条件。

（2）解除连锁，停运滤液水泵。

（3）开启滤液水泵冲洗电动门，冲洗30s。

（4）关闭滤液水泵进口电动门。

（5）开启滤液水泵出口电动门，冲洗120s。

（6）关闭滤液水泵冲洗电动门。

（7）打开滤液水泵排净手动门。

（8）排放完成后，关闭滤液水泵排净手动门，关闭滤液水泵出口电动门。

5. 皮带脱水机的启动

（1）确认滤布滤饼冲洗水系统启动前检查已执行完毕，投入滤布滤饼冲洗水系统。

（2）开启皮带脱水机滤布滚筒冲洗水手动总门。

（3）开启皮带脱水机润滑水密封水手动总门。

（4）开启皮带脱水机密封水手动门。

（5）开启皮带脱水机滚筒冲洗水手动门。

（6）开启皮带脱水机皮带润滑水手动门。

（7）开启皮带脱水机滤布工作面冲洗水手动门。

（8）开启皮带脱水机滤布非工作面冲洗水手动门。

（9）确认皮带脱水机启动前检查执行完毕，具备启动条件。

（10）启动皮带脱水机。

（11）启动正常后检查滤布和皮带以及自动纠偏机构的动作情况良好。

（12）检查上下滤布喷嘴、滚筒喷嘴水量均匀且成扇面，滤布冲洗效果良好。

（13）检查皮带脱水机冲洗水、润滑水、密封水的皮管无堵塞、无泄漏。

（14）检查皮带脱水机密封皮带无跑偏、运转良好。

6. 皮带脱水机的停止

（1）确认皮带脱水机系统已具备停运条件。

（2）确认皮带脱水机滤布上已经无积料，石膏旋流器各旋流子冲洗干净。

（3）将皮带脱水机转速调低，继续运行，冲洗滤布和皮带。

（4）选择真空泵，停运。

（5）关闭真空泵密封水进水电动门。

（6）检查滤布和皮带冲洗干净后，停运皮带脱水机。

（7）停运滤布滤饼冲洗水泵。

（8）关闭滤布冲洗水箱进水手动门。

7. 真空泵的启动

（1）确认滤布滤饼冲洗水系统启动前检查已执行完毕，滤布滤饼冲洗水系统已启动。

（2）确认真空皮带脱水机启动前检查执行完毕，并已启动。

（3）确认真空泵启动前检查已执行完毕，具备启动条件。

（4）开启真空泵密封水进水手动门。

（5）开启真空泵轴封水进水手动门。

（6）开启真空泵密封水进水电动门。

（7）开启真空泵密封水进水减压手动门。

（8）皮带脱水机运行正常，启动真空泵。

（9）调整真空泵密封水流量，保证真空泵正常运行，排气不带水，电流、真空正常。

（10）检查真空泵振动、轴承温度、电机温度、泵的声音正常。

（11）检查真空泵排气管道通畅。

8. 真空泵的停止

（1）确认真空泵已具备停运条件。

（2）确认皮带脱水机滤布上已经无积料。

（3）选择真空泵停运。

（4）就地确认真空泵已停运。

（5）关闭真空泵密封水进口电动门（延时60s关闭）。

（6）关闭真空泵轴封水进口手动门。

9. 脱水系统的启动

（1）确认滤布滤饼冲洗水系统启动前检查已执行完毕，投入滤布滤饼冲洗水系统。

（2）确认真空皮带脱水机启动前检查执行完毕，具备启动条件。

（3）确认真空泵启动前检查已执行完毕，具备启动条件。

（4）检查真空泵轴封水、密封水畅通，无泄漏堵塞情况。

（5）启动皮带脱水机。

（6）启动正常后检查滤布和皮带的对中情况，以及自动纠偏机构的动作情况良好。

（7）启动真空泵。

（8）调整真空泵密封水流量，保证真空泵正常运行，排气不带水，电流、真空正常，检查真空泵振动、轴承温度、电机温度、泵的声音正常。

（9）启动石膏排出泵系统。

（10）投入石膏旋流器后，根据实际情况调整石膏品质及脱水机运行状态。

（11）根据脱水情况调整脱水机运行状况，保证脱水效果调整系统真空度在正常范围（–50kPa左右）。

10. 脱水系统的停止

（1）确认脱水系统已具备停运条件。

（2）停运石膏排出泵系统。

（3）确认皮带脱水机滤布上已经无积料。

（4）选择真空泵停运。

（5）关闭真空泵密封水进口电动门（延时60s关闭）。

（6）将真空皮带脱水机转速调低，继续运行，冲洗滤布和皮带。

（7）检查滤布和皮带冲洗干净后，停运真空皮带脱水机。

（8）停运滤布滤饼冲洗水泵。

（9）关闭滤布冲洗水箱进水手动门。

（十一）废水系统

1. 废水系统概述

本厂脱硫废水出力设计为20m³/h，废水系统主要设备是三联箱、废水箱、各加药罐、澄清箱、出水箱、压滤机以及废水旋流器，其中加药系统和压滤机控制卸泥饼需就地人工完成。

2. 废水系统启动

将有机硫、絮凝剂、石灰乳、助凝剂、盐酸溶液箱及管道冲洗干净后，注入配置合格的药剂。向三联箱、澄清池、中和箱加药，废水以重力自流方式进入一体化处理，净水由出水泵排出，污泥由污泥泵打至压滤机脱水后汽车外运。

启动步骤为：

（1）导通废水旋流器给料泵至废水旋流器管道。

（2）脱水系统运行正常。

（3）废水旋流器给料箱液位达到0.9m时，启动搅拌器，开始搅拌，检查搅拌器工作正常，投入液位连锁；启动废水旋流器给料泵，投入顺控连锁。

（4）脱硫废水箱液位达到1.4m时，启动搅拌器，开始搅拌，检查搅拌器工作正常，投入液位连锁。

（5）启动脱硫废水泵，检查出口压力正常后，开启废水泵出口电动门，开始向中和箱上水。

（6）中和箱达到工作液位后，启动搅拌器，开始搅拌，检查搅拌器工作正常。

（7）开启脱硫碱液箱出口手动门，启动脱硫碱计量泵，检查脱硫碱计量泵出口压力正常后，开启泵的出口手动门及碱液至中和箱手动门，向中和箱加药，投入备用泵连锁，投入 pH 值连锁。

（8）中和箱出水，沉降箱进水后，准备向沉降箱加药。

（9）沉降箱达到工作液位后，启动搅拌器，检查搅拌器工作正常。

（10）开启有机硫溶液箱出口手动门和有机硫计量泵出口门，启动有机硫计量泵，调节好冲程，向沉降箱加药，投入备用泵连锁，投入废水流量连锁。

（11）检查 pH 计显示正常。

（12）沉降箱出水，絮凝箱进水后，准备向絮凝箱加药。

（13）絮凝箱达到工作液位后，启动搅拌器。

（14）开启絮凝剂、助凝剂计量泵出口手动门，启动絮凝剂、助凝剂计量泵，调节好各自冲程，向絮凝箱和絮凝箱出口加药，投入备用泵连锁，投入废水流量连锁。

（15）脱硫澄清浓缩箱的液位升到一定水位后，启动刮泥机，检查运转正常。

（16）当污泥高度达到一定值时，通过刮泥机的力矩来观察，一般在 5~15 刻度，开启脱硫压滤机的进口电动门，调整污泥输送泵的出口门，启动污泥输送泵和压滤机，检查其工作正常后，调节好其出力。

（17）脱硫出水箱液位达到 1m 时，启动搅拌器，检查其工作正常，投入液位连锁。

（18）如出水箱 pH 值偏高，可打开酸储罐出口手动门、盐酸计量泵进口手动门、盐酸计量泵出口手动门，调节好冲程，向出水箱加盐酸中和至合格。

（19）如出水箱 COD 值（化学需氧量）偏高，可启动氧化剂加药装置向出水箱加药至出水合格。

（20）如出水箱 pH 值偏低，启动脱硫出水泵，打开出水泵的出口手动门、脱硫出水泵至脱硫废水箱电动门，开始打循环，投入再循环电动门连锁。

（21）当出水 pH 值、浊度值合格后，开启脱硫出水泵出口排放电动门，关脱硫出水泵至脱硫废水箱电动门，开始排放废水，投入废水排放电动门连锁。

（22）如果各泵需要投连锁，需注意将备用泵的出口手动门打开，控制开关打至连锁状态。

3. 废水系统停运

（1）脱水系统停止运行。

（2）废水旋流器给料箱液位已降低，停运废水旋流器给料泵，并冲洗旋流器、泵及管线。

（3）解除所有要停止运行的泵及其备用泵的连锁。

（4）废水箱不再进废水后，当废水箱液位低于 1.4m 时，停运废水泵，并冲洗泵及管线。

（5）停运碱液计量泵，对加药系统进行工业水冲洗，直至冲洗排水合格为止。

（6）停所有运行的计量泵，关进、出口门，停止加药。

（7）出水箱浊度值、pH 值不合格时，打开出水泵的出口手动门、脱硫出水泵至脱硫废水箱电动门，开始打循环。

（8）当污泥高度降到低位时，停止压滤机、污泥输送泵运行，关澄清浓缩箱出口门。开工艺水门，对污泥输送泵、压滤机、管道等进行冲洗，直至冲洗排水合格为止，关相应阀门。

（9）出水箱液位低于 1.0m 时，关出水泵出口门，停运出水泵。

（10）废水系统停运完成。

第六节　电气部分

一、脱硫厂用电运行方式

（一）6kV 厂用电运行方式

（1）6kV 脱硫厂用电系统为中性点不接地系统。

（2）正常运行时，6kV 脱硫 V A 段、V B 段母线分别由主机 6kV 工作 V A 段、V B 段母线供电。6kV 脱硫 VI A 段、VI B 段母线分别由主机 6kV 工作 VI A 段、VI B 段母线供电。

（3）正常运行时，6kV 脱硫段分段开关作为 6kV 脱硫某段母线失电时的备用电源，6kV 脱硫段各电源隔离开关（刀闸）在工作位置，6kV 脱硫段分段断路器（开关）在热备用状态，6kV 脱硫段分段断路器（开关）与工作电源断路器（开关）间采用手动断电切换方式。

（二）380V 厂用电运行方式

（1）380V 低压厂用电系统为中性点直接接地系统。

（2）两台机组共设置两台脱硫变压器，5 号脱硫变压器高压侧接自 6kV 脱硫 V A 段母线，向脱硫 PC A 段母线供电；6 号脱硫变压器高压侧接自 6kV 脱硫 VI A 段母线，向脱硫 PC B 段母线供电。脱硫 PC A 段和 B 段母线之间设置母线联络断路器（开关）互为备用。正常运行时，PC 段母线联络断路器（开关）处于热备用状态，PC 母线分段断路器（开关）与工作电源断路器（开关）间采用手动断电切换方式。

（3）380V 低压厂用电系统采用 PC 及 MCC 控制中心供电方式。原则上 75kW 及以上容量的低压电动机和 200kVA 及以上的馈线回路由 PC 控制中心供电，75kW 以下容量的电动机和 200kVA 以下的馈线回路由 MCC 控制中心供电。

（4）380V 双电源供电 MCC 系统运行方式：

1）脱硫公用 MCC 段的工作电源取自 5 号机组脱硫 PC A 段，备用电源取自 6 号机组脱硫 PC B 段，采用手动断电切换方式。

2）5 号脱硫保安 MCC 段的工作电源取自脱硫 PC A 段，备用电源取自（主机）5 号机组保安 PC 段、装设有备用电源自动投入装置，采用自动断电切换方式。

3）正常运行时，5 号机组保安 PC 段、6 号机组保安 PC 段分别由 5 号、6 号锅炉 PC 段供电；柴油发电机组作为 5 号、6 号机组两段保安 PC 母线全部失电时的事故备用电源。柴油发电机组正常处于热备用状态，柴油发电机组出口断路器（开关）及保安 PC 段柴油发电机组进线断路器（开关）均在连锁备用状态。

（5）特殊运行方式：5 号脱硫变压器停运时，脱硫公用 MCC 段母线由 6 号机组脱硫 PC B 段母线供电，脱硫 PC A 段电源置于热备用状态；待 5 号脱硫变压器投运时，恢复正常供电方式。

二、电气倒闸操作规定

电气倒闸操作就是将电气设备由一种状态转换到另一种状态所进行的一系列操作。

（一）电气设备的状态与位置

1.电气设备的5种状态

（1）运行状态。断路器（开关）在合闸状态，隔离开关（刀闸）（或一次插头）在接通［手车式断路器（开关）在工作位置］，设备已带电，控制电源、合闸电源、信号电源在投入，相应保护投入运行。

（2）热备用状态。断路器（开关）在断开状态，隔离开关（刀闸）（或一次插头）在接通［手车式断路器（开关）在工作位置］，手车式断路器（开关）二次插头在接通，控制电源、合闸电源、信号电源在投入，相应保护投入运行。断路器（开关）一经合闸设备即带电。

（3）冷备用状态。断路器（开关）在断开状态，隔离开关（刀闸）（或一次插头）在断开［手车式断路器（开关）在试验位置］，手车式断路器（开关）二次插头已取下，控制电源、合闸电源、信号电源已退出。

（4）试验状态。断路器（开关）在断开状态，隔离开关（刀闸）（或一次插头）在断开［手车式断路器（开关）在试验位置］，手车式断路器（开关）二次插头已插好，控制电源、合闸电源、信号电源在投入。

（5）检修状态。在冷备用状态下，装设了安全措施。

2.手车式断路器（开关）的3个位置

（1）工作位置。手车式断路器（开关）本体在开关柜内，一次插头已插好。

（2）试验位置。手车式断路器（开关）本体在开关柜内，且断路器（开关）本体限定在"试验"位置，一次插头在断开位置。

（3）检修位置。手车式断路器（开关）本体在开关柜外。

（二）厂用电系统操作规定

1.电气开关停、送电操作原则

停电操作：先拉开断路器（开关）、断开断路器（开关）的合闸电源，确认断路器（开关）在断开后，再依次拉开其负荷侧隔离开关（刀闸）、电源侧隔离开关（刀闸）[对于手车式断路器（开关）则断开其一次插头]，最后断开断路器（开关）控制电源。

送电操作：操作顺序与停电操作相反。严禁带负荷拉、合隔离开关（刀闸）。

2. 电气操作注意事项

（1）厂用电系统操作前应核对名称、编号、设备位置，核对设备状态正确。

（2）设备送电前应检查接地线（接地刀闸）和临时安全措施确已拆除，测量绝缘良好，并应投入有关保护装置，禁止设备无保护运行。

（3）母线送电前应将母线电压互感器及其综合保护测控装置投入运行，母线停电时母线电压互感器应同时停用。

（4）母线的停送电应在母线空载时进行。厂用母线受电后，必须检查母线三相电压正常后，方可对各分路负荷送电。

（5）脱硫变压器送电时先合高压侧断路器（开关），检查变压器充电正常后，再合低压侧断路器（开关）；停电操作顺序与此相反。禁止由低压侧对脱硫变压器充电。

（6）开关柜上设有"远方"和"就地"两种控制方式的断路器（开关），正常合闸、分闸操作时，必须采用"远方"操作。选择"就地"，只能在"试验"位置时进行合分闸试验。

（7）在断路器（开关）合闸送电时，应注意相关电流的变化，合闸后应检查三相电压、电流平衡。

（8）断路器（开关）拒分时，380V低压断路器（开关）应立即手动打闸；6kV高压断路器（开关）机构严禁带负荷脱扣。

（9）脱硫公用MCC段母线的进线电源断路器（开关）不能在DCS中远方操作，只能就地站操作。

（10）DCS中5号机组浆液泵MCC电源断路器（开关）不可操作，并且DCS中5号机组浆液泵MCC电源断路器（开关）仅仅是个图片，状态不随实际状态变化。

（11）仿真机DCS画面中电气直流系统的开关电器及电气设备仅仅是图片，其位置不随实际状态变化，但是直流系统图的各参数为正常参数。

三、脱硫变压器运行规定

1. 变压器停用操作步骤

（1）倒换或停用脱硫公用 MCC 段各路负荷。

（2）将脱硫公用 MCC 段倒至脱硫 PC B 段供电［依次拉开 4 硫 53 断路器（开关），拉开 4 硫 54 断路器（开关）；就地拉开 4 硫 55 断路器（开关）；就地合上 4 硫 56 断路器（开关），远方合上 4 硫 54 断路器（开关）］；恢复各路负荷至操作前状态。

（3）倒换 5 号浆液循环泵 MCC 段至 6 号机组保安 PC 段供电（本条为仿真 DCS 不可操作项）。倒换 5 号脱硫保安 MCC 段至 5 号机组保安 PC 段供电［拉开脱硫 PC A 段至 5 号脱硫保安 MCC 段电源断路器（开关），检查备用电源断路器（开关）自动投入］。

（4）倒换或停用脱硫 PC A 段各路负荷。

（5）拉开变压器低压侧断路器（开关），拉开变压器高压侧断路器（开关）。

（6）合上脱硫 PC A 段、B 段母联断路器（开关）。

（7）倒换 5 号浆液循环泵 MCC 至脱硫 PC A 段供电（仿真 DCS 不可操作项）。

（8）倒换 5 号脱硫保安 MCC 段至脱硫 PC A 段供电［合上脱硫 PC A 段至 5 号脱硫保安 MCC 段电源断路器（开关），检查备用电源断路器（开关）自动分闸］。

（9）依次将变压器低压侧断路器（开关）、高压侧断路器（开关）由热备用转冷备用。

（10）根据检修工作，布置相应的安全措施。

2. 变压器投运操作步骤

（1）拆除变压器回路安全措施（拆除接地线、拉开接地刀闸、收回标示牌）。

（2）先后将变压器高压侧断路器（开关）、低压侧断路器（开关）由冷备用转热备用。

（3）倒换 5 号浆液循环泵 MCC 段至 6 号机组保安 PC 段供电（仿真机 DCS 不能操作）。

（4）倒换 5 号脱硫保安 MCC 段至 5 号机组保安 PC 段供电［拉开脱硫 PC A 段至 5 号脱硫保安 MCC 段电源断路器（开关），检查备用电源断路器（开关）自动投入］，倒换或停用脱硫 PC A 段各路负荷。

（5）拉开脱硫 PC A 段、B 段母联断路器（开关）。

（6）合上变压器高压侧断路器（开关），对变压器冲击。合上变压器低压侧断路器（开关）。

（7）倒换 5 号浆液循环泵 MCC 至脱硫 PC A 段供电（仿真机 DCS 不能操作）。

（8）倒换 5 号脱硫保安 MCC 段至脱硫 PC A 段供电［合上脱硫 PC A 段至 5 号脱硫保安 MCC 段电源断路器（开关），检查备用电源断路器（开关）自动分闸］。

（9）倒换或停运脱硫公用 MCC 段各路负荷。

（10）将脱硫公用 MCC 段倒至脱硫 PC A 段供电［依次拉开 4 硫 54 断路器（开关），拉开 4 硫 53 断路器（开关）；就地拉开 4 硫 56 断路器（开关）；就地合上 4 硫 55 断路器（开关），远方合上 4 硫 53 断路器（开关）］。

（11）恢复脱硫公用 MCC 段各路负荷至操作前状态。

3. 脱硫变压器停运、投运操作注意事项

（1）5 号、6 号脱硫变压器严禁并列。

（2）脱硫 PC 段母线严禁合环倒换。

（3）变压器投运前，必须投入变压器高、低压侧开关柜上的保护跳闸连接片。

（4）脱硫 PC、MCC 段母线电源倒换操作时，应尽可能缩短母线失压时间。

四、脱硫系统配电装置

（一）6kV 断路器（开关）操作规定

1. EVB 断路器（开关）［变压器高压侧断路器（开关）］操作规定

EVB 型真空断路器（开关）使用真空灭弧室来实现电力电路的接通和分断，采用一次梅花触头配合的方式与开关柜进行一次导电回路连接，通过二次航空插头连接开关柜的二次回路；断路器（开关）所配操动机构是弹簧储能机构。

2. EVB 断路器（开关）送电操作步骤

（1）检查开关确在"分闸"位。

（2）解除开关柜防误闭锁锁具。

（3）装上二次侧插头。

（4）合上交流电源空气断路器。

（5）合上直流电源空气断路器。

（6）投入"保护跳闸"连接片。

（7）装上开关柜防误闭锁锁具。

（8）将断路器（开关）摇至"工作"位。

（9）将操控装置储能旋钮切至"自储"位置。

（10）将断路器（开关）"就地/远方"切换旋钮切至"远方"位置。

3. EVB断路器（开关）停电操作步骤

（1）检查断路器（开关）确在"分闸"位。

（2）将断路器（开关）"就地/远方"切换旋钮切至"就地"位置。

（3）将操控装置储能旋钮切至"手储"位置。

（4）将断路器（开关）摇至"试验"位。

（5）拉开直流电源空气断路器。

（6）拉开交流电源空气断路器。

（7）解除开关柜防误闭锁锁具。

（8）取下二次侧插头。

（9）装上开关柜防误闭锁锁具。

4. CR193真空接触器型手车式断路器（开关）（浆液循环泵、真空泵、氧化风机、脱硫湿式球磨机）操作规定

CR193真空接触器—熔断器组合电器主要由交流高压真空接触器、熔断器、底盘车和其他辅助元件组成。组合电器中的交流高压真空接触器主要由真空灭弧室、操动机构、控制电磁铁以及其他辅助部件组成。熔断器安装在熔断器盒中，串联在交流真空接触器和负载回路中。

5. CR193真空接触器型手车式断路器（开关）送电操作步骤

（1）检查断路器（开关）确在"分闸"位。

（2）解除开关柜防误闭锁锁具。

（3）检查三相熔断器装设良好。

（4）装上断路器（开关）的二次侧插头。

（5）装上开关柜防误闭锁锁具。

（6）合上交流电源空气断路器。

（7）合上直流电源空气断路器。

（8）投入"保护跳闸"连接片。

（9）将断路器（开关）摇至"工作"位。

（10）将断路器（开关）"就地/远方"切换旋钮切至"远方"位置。

6. CR193真空接触器型手车式断路器（开关）停电操作步骤

（1）检查断路器（开关）确在"分闸"位。

（2）将断路器（开关）"就地/远方"切换旋钮切至"就地"位置。

（3）将断路器（开关）摇至"试验"位置。

（4）拉开直流电源空气断路器。

（5）拉开交流电源空气断路器。

（6）解除开关柜防误闭锁锁具。

（7）取下断路器（开关）的二次侧插头。

（8）装上开关柜防误闭锁锁具。

7. 熔断器使用注意事项

熔断器支座框架配有联动脱扣机构，即便只有一相熔断器熔断时，也能使接触器联动跳闸。同样，如果有一相熔断器未安装时，该装置也能防止接触器合闸。

当组合电器遇到相间短路故障后，若某一相熔断器熔断，其余相的熔断器即便外观完好，基于通过过电流的原因，3个熔断器均应该更换。

（二）380V断路器（开关）操作规定

1. 抽出式万能断路器（开关）送电操作步骤

（1）检查断路器（开关）确在"分闸"位。

（2）检查断路器（开关）"就地/远方"切换旋钮切在"就地"位置。

（3）合上控制电源空气断路器。

（4）投入"保护跳闸"连接片。

（5）按下断路器（开关）"机械闭锁销子"。

（6）将断路器（开关）摇至"工作（连接）"位置。

（7）将断路器（开关）"就地/远方"切换旋钮切至"远方"位置。

2. 抽出式万能断路器（开关）停电操作步骤

（1）检查断路器（开关）确在"分闸"位。

（2）将断路器（开关）"就地/远方"切换旋钮切至"就地"位置。

（3）按下断路器（开关）"机械闭锁销子"。

（4）将断路器（开关）摇至"试验"位。

（5）拉开控制电源空气断路器。

3. 固定式空气断路器（1/3）送电操作步骤

（1）检查断路器（开关）操作把手在"分闸"位。

（2）检查断路器（开关）"就地/远方"切换旋钮在"就地"位置。（如有）

（3）检查断路器（开关）抽屉内直流电源空气断路器已合上。

（4）检查断路器（开关）抽屉内交流电源保险已放好。

（5）将断路器（开关）抽屉机械连锁机构操作手柄顺时针旋转至"移动"位。

（6）将断路器（开关）抽屉推入柜内。

（7）将断路器（开关）抽屉机械连锁机构操作手柄顺时针旋转至"试验闭锁"位。

（8）将断路器（开关）抽屉机械连锁机构操作手柄顺时针旋转至"工作闭锁"位。

（9）将断路器（开关）操作把手旋转至"合闸"位。

（10）将断路器（开关）"就地/远方"切换旋钮切至"远方"位置。（如有）

4. 固定式空气断路器（1/3）停电操作步骤

（1）检查待操作设备已停转。

（2）将断路器（开关）"就地/远方"切换旋钮切至"就地"位置。（如有）

（3）检查断路器（开关）操作把手至"分闸"位。

（4）将断路器（开关）抽屉机械连锁机构操作手柄逆时针旋转至"试验闭锁"位。

（5）将断路器（开关）抽屉机械连锁机构操作手柄逆时针旋转至"移动"位。

（6）将断路器（开关）抽屉抽出至"分离"位。

（7）将断路器（开关）抽屉机械连锁机构操作手柄逆时针旋转至"抽出闭锁"位。

5. 固定式空气断路器（1/6）送电操作步骤

（1）检查断路器（开关）"就地/远方"切换旋钮切在"就地"位置。（如有）

（2）将断路器（开关）抽屉机械连锁机构操作手柄顺时针旋转至"移动"位。

（3）将断路器（开关）抽屉推入柜内。

（4）将断路器（开关）抽屉机械连锁机构操作手柄顺时针旋转至"试验闭

锁"位。

（5）检查开关柜面板"分闸指示"灯亮。

（6）将断路器（开关）抽屉机械连锁机构操作手柄顺时针旋转至"分闸"位。

（7）将断路器（开关）抽屉机械连锁机构操作手柄顺时针旋转至"合闸"位。

（8）检查开关柜面板"合闸指示"灯亮。

（9）将断路器（开关）"就地／远方"切换旋钮切至"远方"位置。（如有）

6. 抽屉式空气断路器（1/6）停电操作步骤

（1）将断路器（开关）"就地／远方"切换旋钮切至"就地"位置。（如有）

（2）将断路器（开关）抽屉机械连锁机构操作手柄逆时针旋转至"分闸"位。

（3）检查开关柜面板"分闸指示"灯亮。

（4）将断路器（开关）抽屉机械连锁机构操作手柄逆时针旋转至"试验闭锁"位。

（5）将断路器（开关）抽屉机械连锁机构操作手柄逆时针旋转至"移动"位。

（6）将断路器（开关）抽屉抽出至"分离"位。

（7）将断路器（开关）抽屉机械连锁机构操作手柄逆时针旋转至"抽出闭锁"位。

7. 断路器（开关）合闸状态的检查确认

（1）红灯亮。

（2）断路器（开关）本体状态指示为"1"。

（3）电流表有电流指示。

（4）高压开关柜接线图断路器（开关）"红灯"亮。

8. 断路器（开关）分闸状态的检查确认

（1）绿灯亮。

（2）断路器（开关）本体状态指示为"0"。

（3）电流表指示为零。

（4）高压开关柜接线图开断路器（开关）关"绿灯"亮。

（三）电压互感器的运行

1. 电压互感器操作规定

（1）电压互感器经检修或投入运行前，必须测量绝缘电阻。6kV 电压互感器的绝缘电阻用 2500 V 绝缘电阻表测量，绝缘电阻值值不得低于 6MΩ；380V 电压互感器的绝缘电阻用 1000V 绝缘电阻表测量，绝缘电阻值值不得低于 0.5MΩ。

（2）6kV 母线电压互感器单独停运前，应将所在母线的所有负荷断路器（开关）综合保护装置内的低电压保护软连接片退出。6kV 母线电压互感器投运正常且 6kV 母线三相电压正常时，才能将所在母线的所有负荷断路器（开关）综合保护装置内的低电压保护软连接片投入。

（3）电压互感器停用时先退出低电压保护，再依次拉开直流断路器（开关）及电压互感器二次侧空气断路器，然后拉出电压互感器手车［或拉开一次侧隔离开关（刀闸）］；电压互感器投运操作与停用操作顺序相反。

（4）电压互感器一次侧保险熔断，应对电压互感器进行详细检查，并测量绝缘合格后方可再次投运。电压互感器一次侧保险连续熔断两次时，应立即将电压互感器停运。

（5）电压互感器二次侧空气断路器跳闸，检查无异常后合上跳闸相二次空气断路器再次跳闸，严禁再次合闸，应按照电压互感器停用步骤停用检查。

2. 6kV 母线电压互感器投运操作步骤

（1）装上电压互感器三相一次侧保险。

（2）将电压互感器手车摇至"试验"位。

（3）装上电压互感器手车的二次侧插头。

（4）将电压互感器手车摇至"工作"位。

（5）合上电压互感器三相二次侧空气断路器。

（6）合上电压互感器仪表电源空气断路器。

（7）合上电压互感器通信电源空气断路器。

3. 6kV 母线电压互感器停用操作步骤

（1）拉开电压互感器仪表电源空气断路器。

（2）拉开电压互感器通信电源空气断路器。

（3）拉开电压互感器三相二次侧空气断路器。

（4）将电压互感器手车摇至"试验"位。

（5）取下电压互感器手车的二次侧插头。

（6）将电压互感器手车拉至"检修"位。

（7）取下电压互感器三相一次侧保险。

4. 脱硫 PC A 段电压互感器投运操作步骤

（1）装上电压互感器三相一次侧保险。

（2）合上脱硫 PC A 段电压互感器断路器（开关）。

（3）合上脱硫 PC A 段电压互感器三相二次侧空气断路器。

（4）检查脱硫 PC A 母线电压指示正常。

（5）合上脱硫 PC A 段母线低电压保护直流断路器（开关）。

（6）投入脱硫 PC A 段母线低电压保护。

5. 脱硫 PC A 段电压互感器停用操作步骤

（1）退出脱硫 PC A 段母线低电压保护。

（2）拉开脱硫 PC A 段电压互感器柜内直流电源空气断路器。

（3）拉开脱硫 PC A 段电压互感器三相二次侧空气断路器。

（4）拉开脱硫 PC A 段电压互感器断路器（开关）。

（5）取下电压互感器三相一次侧保险。

五、电动机运行规程

（一）电动机技术规范

1. 6kV 电动机技术规范

6kV 电动机技术规范如表 3-58 所示。

表3-58　6kV电动机技术规范

设备名称	容量（kW）	电流（A）	绝缘等级	数量
A浆液循环水泵	560	65.7	F	2
B浆液循环水泵	630	73.8	F	2
C浆液循环水泵	710	83.1	F	2
D浆液循环水泵	710	83.1	F	2
E浆液循环水泵	800	96	F	2
氧化风机	500	63.1	F	6
真空泵	250	30.4	F	2
湿式球磨机	900	109	F	2

2. 380V 电动机技术规范

380V 电动机技术规范如表 3-59 所示。

表3-59　380V电动机技术规范

设备名称	容量（kW）	电流（A）	绝缘等级	数量
SO₂吸收系统				
吸收塔搅拌器	37			8
吸收塔排出泵	75	139.7	F	4
浆液循环泵润滑油泵	1.5	3.75	F	8
浆液循环泵冷却风机	1.1/0.75			8
氧化风机隔声罩排风扇	2.2			6
排放系统				
吸收塔排水坑泵	15	30.3	F	4
吸收塔排水坑泵搅拌器				2
事故浆液搅拌器	45			1
事故浆液搅拌器泵	30			2
石膏脱水系统				
真空皮带机	15	22.9	F	2
滤布冲洗水泵	11			3
滤液水泵	75	139.7	F	2
脱水区排水泵	11	22.6	F	2
废水旋流器给料机泵	18.5			2
石灰石浆液系统				
振动给料机	0.75			2
卸料间除尘器排尘风机	18.5			1
湿磨再循环浆液泵	90			4
斗式提升机排尘风机	5.5			1
石灰石浆液供给泵	37			4
磨机油站高压油泵	4			2
磨机油站低压油泵	2.2			2
工艺水系统				
工艺水泵	22			3
除雾器冲洗水泵	75			3

续表

设备名称	容量（kW）	电流（A）	绝缘等级	数量
废水处理系统				
废水泵	11			2
出水泵	11	21.8	F	2
污泥输送泵	11	23.5	F	2
卸碱泵	3	6.35	F	1
卸酸泵	3	6.35	F	1

（二）电动机运行规定

1. 电动机运行振动规定

电动机的振动不得超过表3-60中数值。

表3-60　电动机运行振动规定

额定转速（r/min）	3000	1500	1000	≤750
振动值（双振幅，μm）	50	85	100	120

2. 电动机操作注意事项

（1）电动机启动注意事项：

1）外部检查无异常，电动机已具备启动条件。

2）电动机的启动应采用DCS远方起动（只能就地启动的电动机例外）。高压电动机启动前，应通知值长。

3）严密监视启动过程电流变化情况。如已超过启动时间电流仍未返回，或合闸后电流无指示应立即断开电源，查明原因并进行处理。

4）电动机启动后，应检查电动机声音、电流、振动、串动、温度是否正常。

5）备用电动机连锁启动时，应检查连锁启动电机运行正常。

6）直流电动机启动时，应注意直流母线电压，必要时应及时进行调整。

7）电动机的启动应逐台进行，一般不允许在同一母线上同时启动2台及以上电动机。

8）鼠笼式电动机正常情况下，允许冷态下启动2次，每次间隔时间不得小于5min，在热态下启动一次，只有在事故处理时以及启动时间不超过2~3s的电动机，可以多启动一次。电动机运行30min以上为热态，停用2h后为冷态。

（2）电动机停送电操作注意事项：

1）6kV、400V 电机 DCS 上远方操作的电动机，开关柜上设有"就地/远方"切换旋钮，送电时应将其切至"远方"位。

2）电动机送电时必须确认电气、热工保护及连锁装置正确投入。严禁无保护启动电动机运行。

3）电动机送电操作前必须对电动机及电源开关回路进行送电前检查。

4）电动机停电操作前必须在电动机就地检查确认电机已停转。

六、直流系统运行规程

（一）直流系统概况

脱硫直流系统配置独立的直流系统，采用 220V 动力和控制混合供电方式。220V 直流系统向控制、保护、测量控制负荷和 UPS 等动力负荷供电。蓄电池充电及浮充电设备采用高频开关整流器装置。每段直流母线设微机型绝缘监测装置，对直流系统及各馈线的绝缘状态进行自动监测，便于寻找接地点。

脱硫岛设一套公用 220V 直流系统，采用单母线分段接线方式，两线制不接地系统。分为两段直流母线，两段充电母线。两段直流母线之间设有母联断路器（开关）。每段直流母线与其对应的充电母线设有联络断路器（开关），直流母线接带负荷并向蓄电池浮充电。

Ⅰ、Ⅱ段直流母线分别装设一套 JZ-22010F 高频开关整流器，每套高频开关整流模块设 4 组。充电模块为 $N+1$ 运行模式。

稳压限流运行功能：高频开关整流器模块能以设定的电压值和限流值长期对电池组充电并带负载运行。当输出电流大于限流值（单个模块 0 ~ 10.5A）时模块自动进入稳流运行状态，输出电流小于限流值时模块自动进入稳压运行状态。

（二）直流系统运行规定

1. 直流系统运行方式

脱硫直流系统正常运行方式：正常运行时，Ⅰ（Ⅱ）组整流器输出断路器（开关）置于相应直流母线位置，Ⅰ（Ⅱ）直流母线与Ⅰ（Ⅱ）充电母线的联络断路器（开关）置于"合闸"位置，Ⅰ、Ⅱ段母联断路器（开关）置于"断开"位置，两段母线分段运行。

两组高频开关整流器分别带一组蓄电池和一段直流母线运行，一组高频开关整流器有两路交流电源，正常运行时整流器两路交流电源一路运行，一路备用，并具有自动切换功能。

2. 直流系统运行注意事项

（1）蓄电池正常情况下为浮充电运行方式，即高频开关整流器装置供给正常的直流负荷，并以小电流向蓄电池供电，以补偿自放电。当系统需要瞬时大电流时，由蓄电池和高频开关整流器装置同时供给，蓄电池仅作为冲击负荷和事故情况下的供给电源。

（2）充电装置全部退出运行时，不允许蓄电池长期单独运行，带额定负荷时间不允许超过 1h。

（3）直流母线绝缘监察装置，用于监视母线对地绝缘情况。当绝缘检测装置发绝缘降低信号时，应及时采用瞬间停电的方法查找，并消除。

3. 直流系统操作注意事项

（1）两组蓄电池不得并列运行。

（2）当任一母线上的蓄电池需退出运行时，应先将该直流母线与另一母线并列运行。并列操作应采用Ⅰ（Ⅱ）组高频开关整流器与Ⅱ（Ⅰ）组蓄电池并列方式进行。

（3）直流系统的任一并列操作，必须先在待并点处核对电压差不超过 2 ~ 3V 方可并列。

（4）当任一组直流母线有接地时，禁止将两直流母线并列。

（三）直流系统操作步骤

1. 蓄电池组的停用步骤（以Ⅰ组蓄电池为例，下同）

（1）检查直流母线电压正常。

（2）调整充电装置使蓄电池组浮充电流接近于 0A。

（3）拉开Ⅰ组蓄电池出口输出断路器（开关）。

（4）取下Ⅰ组蓄电池出口保险及电压表熔丝。

（5）调整Ⅰ组充电装置，维持母线电压正常。

（6）调整Ⅱ组充电装置，使Ⅱ组蓄电池浮充电流接近于0A。

（7）停用Ⅱ组充电装置。

（8）调整Ⅰ组充电装置，使Ⅰ段母线电压高于Ⅱ段电压2～3V。

（9）合上220V直流Ⅰ、Ⅱ段母联断路器（开关）。

（10）调整Ⅰ组充电装置，使Ⅰ、Ⅱ段母线电压为230V。

2. 蓄电池组的投运步骤

（1）检查Ⅰ组蓄电池具备投运条件。

（2）装上Ⅰ组蓄电池出口电压表熔丝。

（3）装上Ⅰ组蓄电池出口熔丝。

（4）调整Ⅰ组充电装置，使Ⅱ组蓄电池浮充电流接近于0A。

（5）拉开220V直流Ⅰ、Ⅱ段母联断路器（开关）。

（6）投运Ⅱ组充电装置，并调整Ⅱ段母线电压为230V。

（7）合上Ⅰ组蓄电池至220V直流Ⅰ段母线输出开关。

（8）调整Ⅰ组充电装置，保持对Ⅰ组蓄电池浮充电，调整母线电压在230V。

3. 高频开关整流器的停用步骤（以Ⅰ组高频开关整流器为例，下同）

（1）调整Ⅰ组充电装置，使Ⅰ组蓄电池浮充电流接近于0A。

（2）将Ⅰ组高频开关整流器输出断路器（开关）切至"分闸"位。

（3）拉开Ⅰ组高频开关整流器装置电源断路器（开关）。

（4）取下Ⅰ组高频开关整流器直流电压熔丝。

（5）拉开Ⅰ组高频开关整流器A路交流电源。

（6）检查Ⅰ组高频开关整流器B路交流电源在"断开"。

（7）取下Ⅰ组高频开关整流器交流电源电压熔丝。

（8）退出Ⅰ组高频开关整流器交流电源防雷装置。

（9）停用Ⅱ组蓄电池，取下其出口保险及电压表熔丝。

（10）调整Ⅱ组充电装置，使Ⅱ段母线电压高于Ⅰ段电压2～3V。

（11）合上220V直流Ⅰ、Ⅱ段母联断路器（开关）。

（12）调整Ⅱ组充电装置，使Ⅰ、Ⅱ段母线电压为230V。

（13）根据工作需要将高频开关整流器A、B路交流电源转至冷备用或检修。

4. 高频开关整流器的投运步骤

（1）将Ⅰ组高频开关整流器A、B路交流电源转热备用。

（2）投入Ⅰ组高频开关整流器交流电源防雷装置断路器（开关）。

（3）放上Ⅰ组高频开关整流器交流电源电压熔丝。

（4）检查Ⅰ组高频开关整流器A路交流电源自动投入。

（5）检查Ⅰ组高频开关整流器指示正常。

（6）调整Ⅱ组充电装置，使Ⅰ组蓄电池浮充电流接近于0A。

（7）拉开220V直流Ⅰ、Ⅱ段母联断路器（开关）。

（8）取下Ⅱ组蓄电池出口保险及电压表保险，投运Ⅱ组蓄电池。

（9）调整Ⅱ组充电装置，使220V直流Ⅱ段母线电压为230V。

（10）将Ⅰ组高频开关整流器输出开关切至Ⅰ段直流母线位置。

（11）调整Ⅰ组充电装置，使220V直流Ⅰ段母线电压为230V。

4

第四章

脱硫系统典型
事故处理

第一节　事故判断及处理

一、事故处理原则

（一）一般原则

（1）解除对人身和设备的危害，尽快地限制事故发展，消除事故根源。

（2）保证保安厂用电及一类设备的持续运行。

（3）尽快地对因事故停电的机组系统及设备恢复供电。

（二）脱硫系统事故处理原则

（1）发生事故时脱硫运行人员应综合分析参数的变化及设备异常现象，准确判断和处理事故，防止事故扩大，限制事故范围或消除事故的原因；在保证设备安全的前提下迅速恢复正常运行，满足脱硫系统的需要。在机组确已不具备运行条件或继续运行对人身、设备有直接危害时，应申请值长停运脱硫装置。

（2）FGD连锁保护应正常投入，在各种事故情况下发挥作用，以保护系统的安全。运行人员准确判断事故原因和规模，快速采取对策。停运设备恢复供电后，优先保证浆液循环泵及事故喷淋系统恢复运行，降低烟温避免高温烟气通过吸收塔；恢复工艺水系统运行；盘车无卡涩后快速恢复吸收塔搅拌器、石灰石浆液箱搅拌器、再循环箱搅拌器、滤液水箱搅拌器等的运行。

（3）FGD断电致使辅助设备较长期停运，浆液就会沉积并阻塞管路，从而导致搅拌器叶片及泵组损害的二次事故。运行人员必须根据当时的允许条件，人为、强制性、有选择地对部分设备、管道故障状态进行恢复操作，在重新启动前，现场检查设备并确认正常后启动操作，搅拌器需经过"断电—盘车正常—送电—启动"，吸收塔搅拌器须冲洗；浆液泵组及管道进行"隔离—冲洗—排放"，必须选择长距离的浆液管道以及浓度较高的管道、泵首选进行。

（4）运行人员应视恢复所需时间的长短确定FGD是否停运、通知主机停机；在处理过程中应首先考虑石灰石、石膏浆液会沉积在各箱、罐、池底部并阻塞泵组及管路。重点设备为吸收塔、石灰石浆液箱、再循环箱、滤液水箱等。如电源不能在 2h 内恢复，必须尽快排放这些管道和容器中的浆体，必要时应用水冲洗，以减少由于沉积造成的二次事故。

（5）在电源故障情况下，对跳闸设备进行开关复位操作，并与主控室联系恢复失电设备电源。应尽快将事故机组 FGD 的低压负荷移至正常运行机组 FGD 供电，立即启动吸收塔浆液循环泵、除雾器冲洗水泵、工艺水泵和各搅拌器（盘车无卡涩后）等设备。

（6）事故处理结束后，运行人员应实事求是地把事故发生地时间、现象以及采取的措施等记录在交接班簿上，并汇报有关领导。班后会应由专工、主值召集当值人员，对事故现象、特征、经过以及采取的措施认真分析，总结经验教训。

二、脱硫系统主要故障的现象、原因及处理

（一）工艺水箱液位低信号，引起工艺水泵跳闸的处理

1. 现象

（1）工艺水箱低报警信号发出，补水困难。

（2）现场各处用水中断，湿式球磨机轴承及各润滑油温度、氧化风机轴承温度逐渐升高。

（3）脱水系统跳闸。

2. 原因

（1）工艺水箱循环水进水总门及进水电动门被关闭，同时工业废水未供水，液位计故障未及时发现。

（2）工艺水泵故障跳闸，备用泵连锁不成功。

（3）工艺水箱液位太低。

（4）相关管道破裂。

3. 处理

（1）及时汇报值长联系恢复循环水水源，对工艺水箱补水，再通知化学专业恢复工业废水供水，联系检修处理液位计，先启动工艺水泵再启动除雾器冲洗水泵。

（2）迅速启动备用工艺水泵运行。

（3）汇报值长隔离管道破裂的供水管，同时联系值长保证循环水及工业废水中有一路供水正常。

（二）工艺水中断的处理

1. 现象

工艺水母管压力到零。

2. 原因

（1）工艺水泵停运或跳闸。

（2）工艺水泵发生故障。

（3）工艺水母管发生大范围泄漏。

3. 处理

（1）立即启动备用工艺水泵重新建立压力，如工业水压力不能立即恢复，请按步骤（2）进行。

（2）当工艺水母管发生大面积泄漏不能维持运行时按下面步骤进行：

1）停运湿式球磨机制浆系统。

2）停运真空皮带脱水系统。

3）停运轴封采用双密封的泵组，如石膏排出泵、滤液水泵、各排水坑泵等；同时，保证各排水坑泵及箱罐不溢流。

4）检查相关使用冷却水设备逐个停运。

5）密切监视氧化风机轴承温度，当温升过快时可停运氧化风机。

6）抓紧联系恢复工艺水系统运行。

7）若工艺水系统 1h 内不能恢复，应将所有泵、管道的浆液排尽。

（三）浆液循环泵全停

1. 现象

（1）浆液循环泵跳闸故障信号发出。

（2）事故喷淋系统启动。

（3）出口 SO_2 超标排放报警。

2. 原因

（1）6kV 电源中断。

（2）吸收塔液位过低 ≤ 5.5m，或吸收塔液位控制回路故障。

（3）吸收塔浆液减速机油泵失电停运或者故障停运。

（4）工艺水泵跳闸，全部浆液循环泵电机轴承温度达95℃或电机绕组温度达130℃，浆液循环泵机械轴承温度达到85℃。

（5）运行浆液循环泵入口电动门故障，或者热工出现故障关信号。

3. 处理

（1）确认连锁保护跳闸动作是否正常。

（2）确认吸收塔事故喷淋冲洗系统投运正常，烟温有效下降。若事故喷淋冲系统无法正常投运，应联系值长启动消防泵，开启备用手动事故喷淋门，关闭事故喷淋电动门。

（3）检查吸收塔液位计是否正常，低液位报警值和跳闸值设定是否正常，通知热工检验。

（4）快速检查停电设备，同时汇报值长恢复停电设备的供电，优先恢复浆液循环泵减速机油泵供电，迅速恢复至少一台浆液循环泵运行，确保净烟气温度不大于70℃。

（5）检查吸收塔液位液位计、吸收塔排浆门有无异常情况发生。

（6）查明浆液循环泵跳闸原因，并进行处理。

（7）及时汇报值长，必要时通知相关检修人员处理。

（8）视吸收塔内烟温情况，开启除雾器冲洗水，以防止吸收塔内设备及除雾器损坏。

（9）若短时间内不能恢复运行，且净烟气温度达到80℃，马上汇报值长停运主机并关闭引风机出口电动门，以防止高温烟气损坏塔内件。

（10）对停运浆液循环泵及管道进行冲洗。冲洗时注意吸收塔排水坑液位，防止溢出。

（四）石灰石制浆系统

1. 湿式球磨机堵塞

（1）现象：

1）湿式球磨机溢流浆液浓度增大，严重时出口不溢流。

2）湿式球磨机再循环箱打空，再循环泵电流降低。

3）湿式球磨机电流增大，声音沉闷。

（2）原因：

1）湿式球磨机进料过多，进水量过少。

2）进入湿式球磨机石灰石和水量控制自动失灵。

3）工艺水泵跳闸未及时发现，且备用泵未联启。

（3）处理：

1）视湿式球磨机内堵塞情况，停止称重给料机停止进料量。

2）手动开大湿式球磨机进水门，增加进水量，待湿式球磨机浆液箱内液位至1/2 时，恢复再循环泵。

3）若堵塞严重，要停磨从检查孔扒料处理。

4）若短时不能恢复，则汇报要求停运湿式球磨机。

5）根据石灰石浆液箱液位低于 3.5m，启动备用湿式球磨机。

2. 称重给料机故障

（1）现象：

1）称重给料机给料量信号到零。

2）湿式球磨机出口浆液浓度减小。

3）湿式球磨机电流下降。

（2）原因：

1）电气故障。

2）变频器故障。

3）就地操作柜上"就地 / 远方"切换旋钮位置不对。

4）料潮湿将湿式球磨机进口堵塞，称重给料机出口堆积。

（3）处理：

1）如电气故障则联系电气修复。

2）如变频器故障则联系电气修复。

3）检查就地操作柜上"就地 / 远方"切换旋钮，切换至正确位置。

4）若短时不能修复，则汇报要求停运湿式球磨机。

5）根据石灰石浆液箱液位低于 3.5m，启动备用湿式球磨机。

（五）石膏脱水机故障

1. 原因

（1）真空泵跳闸。

（2）滤布滤饼冲洗水泵跳闸。

（3）脱水皮带机润滑水流量低。

（4）脱水皮带机皮带走偏，滤布撕裂、走偏或纠偏装置状态不灵。

（5）拉绳开关误动作。

（6）变频电机跳闸。

2.处理

（1）检查跳闸原因，若属于保护误动则复位后重新启动，否则应联系检修处理。

（2）恢复滤布滤饼冲洗水泵。

（3）调整脱水皮带机润滑水流量。

（4）检查真空泵供水情况和热工信号保护是否正常。

（5）联系检修处理皮带、滤布跑偏故障。

（6）石膏脱水机电机故障，联系电检修复。

（7）如短时间无法恢复，根据吸收塔浆液密度大于1130kg/m³，启动备用真空皮带脱水机。

（六）厂用电突然失电，脱硫系统设备全部停运

1.现象

（1）脱硫系统各箱罐、地坑搅拌器停运。

（2）长时间失电，高温烟气损坏吸收塔塔内件。

2.处理

（1）首先判断脱硫UPS供电系统是否正常（即DCS、上位机能工作正常，各热工仪表显示正常）。若脱硫UPS供电异常，应及时切换至厂保安段供电。

（2）联系值长启动消防电泵；运行班长安排专人至脱硫备用手动事故喷淋门处待命。

（3）脱硫保安段电源恢复后，优先恢复除雾器冲洗水泵、浆液循泵减速机油泵。然后依次盘车恢复5A/5C吸收塔搅拌器、石灰石浆液箱搅拌器、1号/2号再循环箱搅拌器、2台工艺水泵运行。

（4）在5号机组跳闸的事故状态下，脱硫系统4台浆液循环泵全停，FGD保护触发，事故喷淋系统开启。为防止高温烟气损坏吸收塔塔内件，若事故喷淋系统

因电动阀门故障、工艺水箱水量少、泵组故障等原因无法有效降低净烟气温度时，则开启脱硫备用手动事故喷淋阀，关闭电动事故喷淋阀。若采取上述措施后，净烟气温度仍超过70℃，可汇报值长停运引风机并关闭引风机出口挡板门以减少热烟气流量。

（5）脱硫6kV设备供电恢复后，迅速恢复吸收塔搅拌器、浆液循环泵、滤液水箱搅拌器运行。

（6）每套脱硫系统各恢复1台浆液循环泵、4台吸收塔搅拌器、1台氧化风机运行后，可通知值长脱硫系统具备通热烟气条件。

（7）系统电源恢复后，应恢复氧化风机等其他设备运行。

（8）机组再启动过程中吸收塔液位应维持在9m左右。

（9）脱硫系统内所有搅拌器恢复运行时均需盘车，盘车时联系检修人员协助。优先对吸收塔搅拌器、石灰石浆液箱搅拌器、再循环箱搅拌器、滤液水箱搅拌器进行盘车无卡涩后送电。盘车执行"断电—盘车—送电"程序。

注：吸收塔搅拌器盘车时，若工艺水恢复，可开启吸收塔搅拌器冲洗水；再循环箱搅拌器若盘车卡涩，可放空再循环箱，由箱顶部开启冲洗水冲洗底部沉砂直至搅拌器叶片完全漏出，若箱底沉砂过多，需及时联系检修人员开箱清砂。

（10）脱硫系统恢复运行过程中，应避免引风机、浆液循环泵、氧化风机之间密集启停，以避免吸收塔大量溢流。若因启停浆液循环泵、氧化风机后发生溢流，应立即恢复浆液循环泵或氧化风机原运行方式。

三、脱硫电气系统主要故障的现象、原因及处理

（一）变压器跳闸

1. 现象

（1）变压器两侧断路器（开关）跳闸，DCS发报警信息。

（2）变压器相应保护发出动作信号。

（3）变压器表计指示到零，脱硫PC A段及脱硫公用MCC段母线失压。

2. 处理

（1）脱硫变压器跳闸，应检查脱硫变压器高压侧开关柜综保信号，检查保护

范围内的电气设备有无故障现象。

（2）变压器主保护动作跳闸：

1）检查脱硫 PC A 段母线失压，脱硫公用 MCC 段母线失压。

2）检查 5 号脱硫保安段 MCC 段母线已自动切换至主机保安 PC 段电源供电；迅速倒换 5 号脱硫浆液泵 MCC 段至 6 号机保安段供电；恢复各跳闸转机至事故前运行状态。

3）全面检查脱硫公用 MCC 段母线及所有负荷确无故障现象，采用先拉后合的方式将脱硫公用 MCC 段母线倒至脱硫 PC B 段供电。依次拉开 4 硫 53 断路器（开关），拉开 4 硫 54 断路器（开关）；就地拉开 4 硫 55 断路器（开关）；就地合上 4 硫 56 断路器（开关），远方合上 4 硫 54 断路器（开关）。

4）全面检查脱硫 PC A 段母线及所有负荷有无故障现象。

5）将脱硫 PC A 段母线转冷备用。

6）恢复脱硫公用 MCC 段母线 A 路电源至热备用。

7）5 号脱硫保安段 MCC 段母线及 5 号脱硫浆液泵 MCC 段母线恢复正常方式。

8）将变压器转检修，通知检修处理。

（3）变压器后备保护动作跳闸：

1）若确认为外部故障引起，在故障点隔离后，可投入变压器运行。若外部无故障，则判断为变压器主保护拒动，应将变压器转冷备用，测量变压器绝缘并进行变压器直流电阻试验，消除故障并试验合格后投运变压器。

2）若测量变压器绝缘且变压器直流电阻试验合格，判明变压器内部无故障，确认是保护误动作时，应待电气检修人员消除保护回路异常后，投入变压器运行。

3）若变压器跳闸时无保护动作，跳闸时无电压下降及短路冲击现象，应检查开关的附近和二次回路有无作业人员，确认属于人为误动时可立即投入变压器运行。

（二）脱硫 PC A 段母线故障

1. 现象

（1）变压器高低压侧断路器（开关）跳闸。

（2）变压器表计指示到零，脱硫 PC A 段及脱硫公用 MCC 段母线失压。

2. 处理

（1）检查脱硫 PC A 段母线失压，脱硫公用 MCC 段母线失压。

（2）检查 5 号脱硫保安段 MCC 段母线已自动切换至主机保安 PC 段电源供电；迅速倒换 5 号脱硫浆液泵 MCC 段至 6 号机保安段供电；恢复各跳闸转机至事故前运行状态。

（3）全面检查脱硫公用 MCC 段母线及所有负荷确无故障现象，采用先拉后合的方式将脱硫公用 MCC 段母线倒至脱硫 PC B 段供电。依次拉开 4 硫 53 断路器（开关），拉开 4 硫 54 断路器（开关）；就地拉开 4 硫 55 断路器（开关）；就地合上 4 硫 56 断路器（开关），远方合上 4 硫 54 断路器（开关）。

（4）全面检查脱硫 PC A 段母线及所有负荷是否有故障现象。

（5）若某路负荷断路器（开关）保护动作，但断路器（开关）在合闸状态，应：

1）立即断开并隔离该路断路器（开关）。

2）将脱硫 PC A 段母线转冷备用，停用电压互感器。

3）测量母线绝缘良好，投用电压互感器。

4）用变压器高低压侧断路器（开关）对母线充电。

（6）若母线所属所有负荷断路器（开关）无保护动作，应：

1）将脱硫 PC A 段母线转检修。

2）通知检修人员处理。

3）脱硫 PC A 段母线受电正常后，恢复正常运行方式。

（三）脱硫公用 MCC 段母线故障

1. 现象

（1）脱硫公用 MCC 段工作电源断路器（开关）跳闸。

（2）相应保护发出动作信号。

（3）脱硫公用 MCC 段母线失压。

2. 处理

（1）检查脱硫公用 MCC 段母线失压。

（2）全面检查脱硫公用 MCC 段母线及所有负荷是否有故障现象。

（3）若某路负荷断路器（开关）保护动作，但断路器（开关）在合闸状态，应：

1）立即断开并隔离该路断路器（开关）。

2）将脱硫公用 MCC 段母线转冷备用，停用电压互感器。

3）测量母线绝缘良好，投用电压互感器。

4）用脱硫公用 MCC 段工作电源断路器（开关）对母线充电。

5）若母线所属所有负荷断路器（开关）无保护动作，应：

a. 将脱硫公用 MCC 段母线转检修。

b. 通知检修人员处理。

（四）脱硫 PC A 段电压互感器一次侧保险熔断

（1）根据报警信号及表计指示情况，判断电压互感器一次侧回路断线故障，汇报值长。

（2）退出脱硫 PC A 段母线低电压保护。

（3）拉开脱硫 PC A 段电压互感器柜内直流电源空气断路器。

（4）拉开脱硫 PC A 段电压互感器三相二次侧空气断路器。

（5）拉开脱硫 PC A 段电压互感器断路器。

（6）取下电压互感器三相一次侧保险。

（7）测量三相一次侧保险直流阻值，判断保险熔断相。

（8）测量电压互感器绝缘合格。

（9）更换电压互感器保险。

（10）合上脱硫 PC A 段电压互感器断路器（开关）。

（11）合上脱硫 PC A 段电压互感器三相二次侧空气断路器。

（12）检查脱硫 PC A 母线电压指示正常。

（13）合上脱硫 PC A 段母线低电压保护直流断路器（开关）。

（14）投入脱硫 PC A 段母线低电压保护。

（15）汇报值长。

（五）电动机启动不起来

1. 现象

（1）合闸后电动机不转，并嗡嗡发响。

（2）电流值很大，不返回。

（3）转速很慢，达不到额定转速。

2. 原因

（1）静子回路一相断线〔动力保险熔断，断路器（开关）一相未合闸、接触器一相接触不良〕。

（2）转子回路中断线或接触不良，接线错误。

（3）电动机被机械卡住。

（4）系统电压太低。

3. 处理

（1）立即停运故障电动机。启动备用电机，再检查故障电动机。

（2）检查断路器（开关）、保险、接触器及电缆等一次元件有无断线故障。

（3）检查电源三相电压是否正常，电源是否缺相。

（4）检查电动机或所拖动的机械是否被卡住。

（5）将故障电动机断路器（开关）转冷备用，测量绝缘判别定子和转子回路是否正常。

（6）若外部检查无异常，联系检修人员检查定子或转子绕组是否断线或者接线错误。

（六）电动机断路器（开关）合不上

（1）检查电动机启动条件是否满足。

（2）检查"就地/远方"切换旋钮位置是否正确。

（3）电动机电源是否送电，断路器（开关）是否在工作位置。

（4）断路器（开关）二次侧插头是否插好，控制电源是否正常。

（5）断路器（开关）是否已储能正常。

（6）断路器（开关）合闸绕组或跳闸绕组是否烧坏。

（7）如断路器（开关）仍合不上，可将断路器（开关）拉至试验位置，就地试合分断路器（开关），判断合闸回路是否良好。

（七）电动机断路器（开关）拉不开

（1）处理：

1）检查断路器（开关）"就地/远方"切换旋钮位置，并切至正确位置。

2）检查控制电源是否正常，并恢复。

3）试用事故按钮断开电源。

4）380V 开关机构就地按钮跳闸，但事先应将电动机负荷降至最低。

（2）以下情况应汇报值长，倒换母线负荷，用上一级断路器（开关）断开电动机电源：

1）380V 断路器（开关）控制的电动机，使用开关机构就地按钮仍不能跳闸。

2）380V 接触器控制的电动机，检查接触器已粘死。

3）用上一级断路器（开关）断开电源后，将故障断路器（开关）停电，恢复母线正常运行方式。

（3）电动机停运后，断路器（开关）状态反馈已分闸，但电动机转速不到零，电流不返回，电机发出嗡嗡声。

1）立即将电动机断路器（开关）重新合上。

2）汇报值长，倒换母线负荷，用上一级断路器（开关）断开电动机电源。

3）用上一级断路器（开关）断开电源后，将故障断路器（开关）停电，恢复母线正常运行方式。

（八）电动机启动时保护动作跳闸

1. 现象

（1）启动时电流值很大，不返回，继而电动机跳闸。

（2）电动机合闸后立即跳闸，但无故障电流冲击。

2. 原因

（1）被拖动机械故障。

（2）电动机内部或电缆内有短路故障。

（3）保护定值过小。

（4）启动后又跳闸且无故障电流冲击时，判断为开关机构故障或启动时间过短、连锁回路有问题。

3. 处理

（1）将故障电动机转冷备用，测量电动机绝缘。

（2）通知电气检修人员进一步检查处理。

（九）直流母线电压高或低

（1）调节高频开关整流器的输出电流。

（2）若是高频开关整流器故障应停运高频开关整流器（参照"高频开关整流

器的停用步骤"操作）。

（3）汇报值长，通知检修处理。

（十）蓄电池组出口保险熔断

（1）检查高频开关整流器运行良好。

（2）按照"蓄电池组的停用步骤"停用，断开蓄电池组输出断路器（开关）（取下保险）。

（3）查明故障原因并消除故障点后，更换保险并恢复正常运行方式。

（十一）直流系统接地

1. 处理步骤

（1）通过直流绝缘监察等装置测出哪一支路故障，判明接地极性及接地性质。

（2）如各支路均绝缘良好，应采取检查母线，停用蓄电池，停运充电装置的方法查找。

（3）测出哪一支路故障，应试拉该支路断路器（开关），查出故障点。

（4）汇报值长，通知电气检修处理。

2. 注意事项

（1）在试拉负荷时，应征得值长同意，通知有关值班人员，停用可能误动的保护。

（2）试拉电源时，保证不使直流母线失去电压。

（3）查找过程中出现故障，应立即将停电的直流负荷送电。

3. 查找直流接地原则

（1）试停运行中经常接地的设备。

（2）试停易受气候或环境影响的设备。

（3）试停断电影响较小者。

（4）试拉负荷时，先轻后重，应先负荷，后电源的顺序试拉。

（5）试拉后不论该支路是否接地，均应立即送电。

（十二）蓄电池着火

（1）拉开故障蓄电池输出断路器（开关），并取下出口保险。

（2）调整充电装置，维持母线电压。

（3）用 CO_2、干粉或 1121 灭火器灭火，并报火警。

（4）按照"蓄电池组的停用步骤"倒换直流系统方式。

（5）通知电气检修处理。

（十三）蓄电池外壳破碎、电解液漏出

（1）拉开故障蓄电池输出断路器（开关），并取下出口保险。

（2）按照"蓄电池组的停用步骤"倒换直流系统方式，调整母线电压正常。

（3）通知电气检修处理。消除蓄电池故障后，恢复正常运行方式。

第二节　脱硫系统仿真机典型事故处理

一、吸收塔浆液中毒

1.吸收塔浆液中毒的现象

（1）原烟气粉尘含量、净烟气粉尘含量超标；原烟气 SO_2 浓度不变时，增加石灰石浆液而 pH 值无上升趋势；净烟气出口 SO_2 浓度持续上升，脱硫效率下降。

（2）石膏皮带脱水机真空度上升，真空泵电流增大，石膏含水率上升，脱水效果变差。

2. 吸收塔浆液中毒的危害

（1）脱硫效率下降达不到预期的脱硫效果，净烟气出口 SO_2 浓度很难维持在环保达标范围内，严重时会出现环保不达标事件，污染环境。

（2）吸收塔浆液 pH 值降低，加剧吸收塔内部腐蚀、管道腐蚀、设备腐蚀，增加了额外的设备维修费用。

（3）吸收塔内添加过量的石灰石浆液，造成原材料浪费，增加了脱硫运行费用。

（4）石膏质量不达标，影响石膏的再利用。

3. 吸收塔浆液中毒的原因

（1）吸收塔原烟气进口 SO_2 浓度突变引起石灰石盲区。

基本机理：由于烟气量或吸收塔进口原烟气 SO_2 浓度突变，造成吸收塔内反应加剧，$CaCO_3$ 含量减少，pH 值下降，此时若石灰石供浆流量自动投入为保证出口 SO_2 达标排放则自动增加石灰石供浆量以提高吸收塔的 pH 值，但由于反应加剧吸收塔浆液中的 $CaSO_3 \cdot 1/2H_2O$ 含量大量增加，若此时不增加氧量使 $CaSO_3 \cdot 1/2H_2O$ 迅速反应生成 $CaSO_4 \cdot 2H_2O$，则由于 $CaSO_3 \cdot 1/2H_2O$ 可溶解性先溶于水中，而 $CaCO_3$ 溶解较慢，过饱和后形成固体沉积，这种现象称为"石灰石盲区"。

（2）吸收塔浆液密度高没有及时外排，浆液中的 $CaSO_4 \cdot 2H_2O$ 饱和会抑制 $CaCO_3$ 溶解反应。

（3）电除尘后粉尘含量高或重金属成分高，在吸收塔浆液内形成一个稳定的化合物，附着在石灰石颗粒表面，影响石灰石颗粒的溶解反应，导致石灰石浆液对 pH 值的调节无效。

（4）氧化不充分，氧化风量不足，引起吸收塔浆液亚硫酸盐致盲。

（5）工艺水质差，系统中的氟离子浓度高，石灰石品质差，石灰石中的铝离子浓度高，易生成氟铝络合物，引起吸收塔浆液发生石灰石盲区。

4. 针对粉尘超标造成浆液中毒的应对措施

（1）汇报值长，调节电除尘运行工况，保证吸收塔入口烟气含尘量在正常范围，记录 SO_2 浓度超标起始时间，调整供浆量，提升 pH 值。

（2）汇报值长降低机组负荷，保证吸收塔出口 SO_2 达标排放。

（3）启动备用浆液循环泵。

（4）向吸收塔地坑中添加增效剂，提高浆液的反应活性。

（5）导通石膏排出泵至事故浆液箱管道，置换吸收塔浆液，投入除雾器冲洗，加大吸收塔工艺水补充量。

（6）出口 SO_2 等恢复正常值后，逐步停运浆液置换和增效剂加入，及时重新启动脱水系统，并申请恢复负荷。

5. 防范措施

不可长时间用"加大供浆量"的方法控制净烟气 SO_2，如遇负荷波动较大时，应充分利用低负荷的机会，加大供氧量，控制新入浆液量，并保证脱水系统的正常运行，使高负荷时打入的浆液尽快消化形成石膏。

二、吸收塔液位跳变

1. 吸收塔液位跳变故障现象

（1）吸收塔液位计异常波动。

（2）吸收塔液位波动至 5.5m，吸收塔浆液循环泵全部跳闸。

（3）吸收塔液位波动至 3m，吸收塔搅拌器跳闸。

（4）吸收塔出口 SO_2 浓度超标报警。

2. 吸收塔液位跳变故障处理步骤

（1）汇报值长，浆液循环泵全停，申请事故降负荷，做好停机准备。

（2）确认事故喷淋保护动作正常，就地检查阀门开反馈正常，净烟气出口温度下降，否则手动投入事故喷淋，启动备用除雾器冲洗水泵，开启除雾器冲洗水最下层电动门。

（3）记录出口 SO_2 浓度超排起始时间。

（4）根据 3 台吸收塔液位计压差表显示数据正常，而吸收塔液位大幅度波动，判断为吸收塔液位输出卡件故障。

（5）迅速联系热控人员处理，液位计恢复正常。

（6）冲洗各吸收塔搅拌器，启动搅拌器运行，防止浆液沉淀过负荷跳闸。

（7）逐步恢复各浆液循环泵正常运行。

（8）启动 2 台浆液循环泵后，根据烟气温度关闭事故喷淋电动门，关闭除雾器冲洗水电动门，停运备用除雾器冲洗水泵。

（9）调整石灰石浆液供浆量，控制吸收塔浆液 pH 值在正常范围，防止过高 pH 值影响吸收塔浆液品质。

（10）汇报值长事故原因，事故处理情况，出口 SO_2 浓度恢复正常，记录时间。

（11）待事故处理结束后，汇报值长，申请恢复负荷正常运行，根据机组负荷进行逐步调整操作，保证各运行参数在正常范围。

三、脱硫 CEMS 测量故障

1. 现象

（1）检查 DCS 画面，发现出口 SO_2 缓慢上涨。

（2）检查负荷无变化、入口 SO_2 无变化，根据 pH 值综合分析，增大供浆，pH 值升高，出口 SO_2 仍上升。

（3）启动备用浆液循环泵，发现出口 SO_2 下降后继续缓慢上涨，与正常工况不对应，判断 SO_2 测量异常。

2. 处理

（1）启动备用浆液循环泵。

（2）立即汇报值长，联系热控维护人员检查脱硫出口 CEMS 工作是否异常。

（3）如出口 SO_2 超排，汇报值长及环保专业，记录时间，督促检修尽快处理。

5

第五章

脱硫系统仿真机
技能操作试题

第一节　热机操作试题

一、吸收塔空塔配浆

序号	操作步骤
1	确认吸收塔检修工作结束，吸收塔人孔门关闭。循环泵进口电动门，石膏排出泵进口电动门等阀门开关灵活，就地状态与DCS显示一致，状态正常
2	检查关闭吸收塔1、2号底部排净手动门
3	检查工艺水箱液位正常，补水门连锁投入
4	检查除雾器冲洗水泵无检修，DCS无报警，电源投用正常，外观正常，就地盘动正常，具备启动条件
5	就地开启1号、3号除雾器冲洗水泵进、出口手动门，开启1号、3号除雾器冲洗水泵轴封水1号、2号门
6	启动1号除雾器冲洗水泵，连锁开启出口电动门，观察除雾器冲洗水泵运行电流、压力正常，投入连锁
7	就地检查1号除雾器冲洗水泵振动正常，无异声，温度、压力正常
8	开启除雾器冲洗水门，向吸收塔补水（需后台加速进水到2m）
9	待吸收塔液位达到2m后，就地检查吸收塔人孔门无泄漏，浆液循环泵入口门等相关管道无泄漏
10	待吸收塔液位至3m以上（**需后台加速**），启动4台吸收塔搅拌器，检查搅拌器电流、振动均正常，运行正常，投入连锁
11	导通事故浆液箱至5号吸收塔管道系统
12	检查1号事故浆液泵无检修，DCS无报警，电源投用正常，外观正常，就地盘动正常，具备启动条件
13	检查1号事故浆液泵轴封水投入正常
14	开启1号事故浆液泵入口门，开启1号事故浆液泵冲洗水门，对1号事故浆液泵及入口管道进行冲洗，冲洗出口管道，检查管道畅通，无泄漏，冲洗结束关闭1号事故浆液泵冲洗水门
15	启动1号事故浆液泵，开启1号事故浆液泵出口门
16	就地检查1号事故浆液泵运行振动正常，无异声，温度、压力正常
17	待吸收塔液位至5.3m时，对氧化风管进行逐一冲洗，冲洗结束后开启氧化风管1~8号手动门
18	待吸收塔液位7m时，停止对吸收塔进浆
19	停运1号事故浆液泵并冲洗管道，停止除雾器冲洗
20	汇报值长，脱硫空塔配浆结束
21	汇报执行完毕

二、湿式球磨机启动

序号	操作步骤
1	接操作命令湿式球磨机启动，联系就地人员准备启动湿式球磨机
2	确认湿式球磨机系统启动前检查执行完毕。 就地检查项：工作票已押回；安全措施已恢复，设备已送电；外观检查无异常（油质、油位、油温、防护罩、靠背轮、地脚螺栓、管道、阀门等）；DCS状态正常，具备启动条件
3	就地检查开启湿式球磨机冷却水系统： 就地检查开启湿式球磨机系统冷却水进水手动总门、冷却水回水手动总门，选择开启湿式球磨机冷却水回水至石灰石浆液箱手动门、湿式球磨机冷却水回水至工艺水箱手动门、湿式球磨机冷却水回水至再循环箱手动门任一；开启前瓦冷却水进水手动门、后瓦冷却水进水手动门；检查开启减速机油站冷油器进水手动门、减速机油站冷油器回水手动门；检查开启高低压油站冷却器电动调节门进口手动门、高低压油站冷却器进水电动门、高低压油站冷却器电动调节门出口手动门
4	就地检查导通湿式球磨机油系统： 就地检查开启湿式球磨机系统低压油泵出口手动门、低压油泵过滤器检查开通一组；检查开启湿式球磨机1号高压油泵进口手动门、湿式球磨机1号高压油泵出口手动门、湿式球磨机2号高压油泵进口手动门、湿式球磨机2号高压油泵出口手动门；检查开启湿式球磨机高低压油站供油手动总门、湿式球磨机低压油1号供油手动门、湿式球磨机低压油2号供油手动门；检查开启减速机油站油过滤器出口手动门、减速机油站冷油器进油手动门、减速机油站冷油器出油手动门、减速机油站至减速机手动门；检查开启湿式球磨机齿轮喷射润滑油站空气压缩机电磁阀、湿式球磨机齿轮喷射润滑油站空气压缩机减压阀
5	就地检查开启湿式球磨机石灰石浆液循环系统手动阀： 检查开启湿式球磨机进水电动调节门进口手动门、湿式球磨机进水电动调节门出口手动门；检查开启湿式球磨机再循环箱进水电动调节门进口手动门、湿式球磨机再循环箱进水电动调节门出口手动门；检查开启湿式球磨机再循环箱石灰石浆液主路手动门、湿式球磨机再循环石灰石浆液密度计进口手动门、湿式球磨机再循环石灰石浆液密度计出口手动门；检查投运3支石灰石旋流器
6	启动湿式球磨机减速机油泵，检查振动、声音正常
7	检查湿式球磨机减速机油系统各管路畅通，无泄漏，回油正常
8	启动湿式球磨机喷射油泵，检查振动、声音正常
9	通过大小齿轮观察孔检查喷油均匀，喷头无堵塞
10	启动湿式球磨机低压油泵，观察出口压力，油压低信号消失，"油压正常"指示灯亮，振动、声音、湿式球磨机各瓦油流、回油正常
11	启动湿式球磨机高压油泵，确认高压油泵出口压力"油压正常"指示灯亮，振动、声音正常，并注意大轴顶起，油压释放
12	检查湿式球磨机高/低压油系统各管路畅通，无泄漏，回油正常
13	通过前后瓦观察孔检查前后大瓦喷油均匀及大瓦油膜形成完整
14	执行石灰石浆液分配箱1号电动推杆打至再循环箱位置，2号电动推杆打至再循环箱位置
15	检查磨机再循环箱液位正常，启动再循环箱搅拌器，正常后投入连锁
16	检查关闭再循环泵出口阀；开启再循环泵冲洗水阀；开启再循环泵进口阀；关闭再循环泵冲洗水阀；启动湿式球磨机再循环泵，检查再循环泵出口阀连锁开启，否则手动打开；检查再循环泵的出口压力正常及密度计无堵塞；泵体振动正常，且无异响，轴承温度温升正常
17	调整石灰石旋流器压力正常
18	调整研磨水流量合适

序号	操作步骤
19	当DCS画面出现允许湿式球磨机启动信号时，启动湿式球磨机，检查电流、大瓦温升、振动、声音正常
20	延时启动称重给料机
21	检查称重给料机下料口是否堵塞，调整给料量
22	将石灰石浆液分配箱2号电动推杆推至磨头
23	根据再循环出口母管密度调整水料比
24	再循环出口母管密度达到1350kg/m³以上时，将石灰石浆液分配箱1号电动推杆推至石灰石浆液箱，并投入连锁
25	现场观察湿式球磨机系统水路进水回水正常，油路的进油回油正常，油压油温正常，无漏油漏浆现象
26	汇报操作完毕

三、吸收塔浆液循环泵启动（以5A浆液循环泵为例）

序号	操作步骤
1	检查5A浆液循环泵无检修工作
2	检查DCS画面5A浆液循环泵、减速机及电动门状态正常，已受电，无异常报警
3	就地检查5A浆液循环泵外观良好，轴封水投入，回水正常，泵轴承室油位正常，减速机油位正常
4	确认5A浆液循环泵启动前检查已执行完毕，具备启动条件
5	启动5A浆液循环泵减速机油泵，检查油压低信号消失，就地检查无漏油现象
6	确认5A浆液循环泵冲洗电动门在关闭位置
7	确认5A浆液循环泵排净电动门在关闭位置
8	打开5A浆液循环泵进口电动门，就地检查管道无漏浆
9	汇报值长，启动5A浆液循环泵
10	观察启动、运行电流正常，就地测量5A浆液循环泵、减速机及电机振动、温度正常，无异常声音
11	DCS画面观察5A浆液循环泵电机轴承温度、电机温度、泵轴承温度、油温正常
12	汇报值长操作完毕

四、氧化风机启动（以5A氧化风机为例）

序号	操作步骤
1	检查5A氧化风机无检修工作
2	检查DCS画面5A氧化风机状态正常，已受电，无异常报警
3	检查吸收塔液位大于5.3m，具备启动条件
4	就地检查5A氧化风机外观良好，入口滤网清洁，油位正常

续表

序号	操作步骤
5	确认5A氧化风机启动前检查已执行完毕，具备启动条件
6	就地开启5A氧化风机冷却水进口手动门
7	就地开启5A氧化风机冷却水出口手动门
8	就地开启5号塔氧化风机冷却水回水至工艺水箱手动门
9	确认水路畅通
10	就地依次打开5号塔氧化风管冲洗水手动门，冲洗后依次关闭
11	就地依次打开5号塔氧化风进口手动门
12	就地打开5号塔氧化风减温水手动门
13	DCS画面打开5A氧化风机排空阀
14	汇报值长，启动5A氧化风机，观察启动电流返回正常
15	DCS画面打开5A氧化风机出口电动门
16	DCS画面关闭5A氧化风机排空电动门
17	检查5A氧化风机电流、流量正常
18	就地测量5A氧化风机振动、温度正常，无异常声音
19	DCS观察5A氧化风机电机轴承温度、电机温度、轴承温度温升正常
20	检查氧化风母管压力正常，母管温度低于50℃
21	操作完毕

五、石膏脱水系统启动

序号	操作步骤
1	检查脱水系统无检修工作，就地检查各转机轴承油质合格，油位正常，机封水投入正常，对轮防护罩完整固定正常，盘动正常，电机接地线良好，DCS设备状态正确
2	检查真空泵排气缓冲罐排净手动门关闭，滤布冲洗水箱排净手动门关闭，真空泵排污手动门关闭
3	就地开启真空泵密封水、轴承水手动总门； 就地开启真空泵密封水进水手动门； 就地开启真空泵密封水进水减压手动门； 就地开启真空泵轴封水手动门； 就地开启滤布冲洗水、皮带冲洗水、密封水等手动门； 就地开启皮带脱水机自动纠偏机构压缩空气手动门； 就地开启滤布冲洗水箱进水手动门； 就地开启滤布冲洗水泵进、出口门； 就地开启备用滤布冲洗水泵进口手动门及联络手动门
4	启动滤布冲洗水泵，就地检查出口压力正常，喷嘴无堵塞，出水正常
5	投入备用滤布冲洗水泵连锁
6	启动真空皮带脱水机，设置频率为10%~20%额定转速，检查脱水机运行正常

序号	操作步骤
7	开启真空泵密封水进口阀，检查真空泵具备启动条件，启动真空泵
8	调整真空泵密封水流量，保证真空泵正常运行，电流、真空正常；检查真空泵振动、轴承温度、电机温度、泵声音正常
9	启动正常后检查滤布和皮带的对中情况，以及自动纠偏机构的动作情况良好
10	就地打开石膏旋流器旋流子（10运2备）； 就地打开石膏排出泵至石膏旋流器手动门； 就地打开石膏排出泵冲洗水手动总门
11	开启分配箱至皮带脱水机电动阀
12	检查石膏排出泵排净手动门关闭，机封水正常，油位正常，具备启动条件
13	开启石膏排出泵入口门，开启石膏排出泵冲洗水门，对入口管道进行冲洗
14	关闭石膏排出泵冲洗水门
15	开启石膏排出泵出口再循环门
16	启动石膏排出泵，连锁开启石膏排出泵出口门
17	检查石膏排出泵电流正常，出口压力正常，振动正常，无异常声音
18	关闭石膏排出泵出口再循环门
19	检查石膏旋流器压力正常
20	根据脱水情况调整脱水机频率，检查运行状况，保证脱水效果；调整系统真空度在正常范围
21	投入皮带脱水机滤饼冲洗水手动门
22	汇报操作完毕

六、脱硫废水系统启动

序号	操作步骤
1	接操作命令：启动脱硫废水系统
2	就地检查项：无检修工作；已送电；外观检查无异常（油质、油位、防护罩、靠背轮、地脚螺栓、管道、阀门等）；DCS状态正常，具备启动条件
3	就地检查脱硫碱储存箱液位正常，检查开启脱硫碱液箱出口手动门，检查开启1号、2号碱计量泵入口手动门及出口手动门，检查开启碱液至脱硫中和箱手动门
4	就地检查脱硫有机硫溶液箱液位正常，搅拌器正常运行，检查开启脱硫有机硫溶液箱出口手动门，检查开启1号、2号有机硫计量泵入口手动门及出口手动门，检查开启有机硫至脱硫沉降箱手动门
5	就地检查脱硫絮凝剂溶液箱液位正常，搅拌器正常运行，检查开启脱硫絮凝剂溶液箱出口手动门，检查开启1号、2号絮凝剂计量泵入口手动门及出口手动门，检查开启絮凝剂至脱硫絮凝箱手动门

续表

序号	操作步骤
6	就地检查脱硫1号、2号助凝剂溶液箱液位正常，搅拌器正常运行，检查开启脱硫1号、2号助凝剂溶液箱出口手动门，检查开启1号、2号助凝剂计量泵入口手动门及出口手动门，检查开启助凝剂至脱硫澄清浓缩器手动门
7	就地检查脱硫氧化剂溶液箱液位正常，搅拌器正常运行，检查开启脱硫氧化剂溶液箱出口手动门，检查开启1号、2号氧化剂计量泵入口手动门及出口手动门，检查开启氧化剂至脱硫出水箱手动门
8	就地检查脱硫盐酸储罐液位正常，检查开启脱硫盐酸储罐出口手动门，检查开启1号、2号盐酸计量泵入口手动门及出口手动门，检查开启盐酸至脱硫出水箱手动门，检查开启脱硫盐酸储罐至酸雾吸收器手动门，检查开启脱硫酸雾吸收器进碱手动门
9	就地检查脱硫废水箱液位正常，搅拌器运行正常，连锁投入；检查开启1号、2号废水泵入口及出口手动门，检查开启脱硫废水泵至三联箱手动门
10	检查中和箱液位正常，搅拌器运行正常；检查沉降箱液位正常，搅拌器运行正常；检查絮凝箱液位正常，搅拌器运行正常
11	检查脱硫澄清浓缩器液位正常，刮泥机运行正常，检查开启澄清浓缩器出口1号、2号手动门
12	检查开启1号、2号污泥输送泵入口及出口阀，检查开启污泥输送泵至压滤机手动门，检查开启压滤机入口手动门
13	检查脱硫出水箱搅拌器运行正常，连锁投入；检查开启1号、2号出水泵入口及出口手动门
14	脱硫废水箱超过1.4m时，启动脱硫废水泵，出口母管电动阀连锁开启，否则手动开启，检查出口流量正常，开始向三联箱上水
15	启动脱硫碱计量泵，向中和箱加药，调节碱计量泵变频，调整中和箱pH值至8.5～9.5
16	启动有机硫计量泵，向沉降箱加药，根据废水量调节有机硫计量泵冲程
17	启动絮凝剂计量泵，向絮凝箱加药，根据废水量调节絮凝剂计量泵冲程
18	启动助凝剂计量泵，向沉降箱加药，根据废水量调节助凝剂计量泵冲程
19	如出水箱pH值大于9，启动脱硫盐酸计量泵，调节冲程，向出水箱加盐酸中和至合格（6～9）
20	如出水箱COD值（化学需氧量）偏高，可启动氧化剂加药装置向出水箱加药至出水合格
21	如出水箱pH值小于6，启动脱硫出水泵，打开脱硫出水泵至脱硫废水箱电动门，开始打循环
22	当出水pH值（6～9）、浊度（<70mg/L）合格后，开启脱硫出水泵出口排放电动门，关脱硫出水泵至脱硫废水箱电动门，开始排放废水
23	就地开启脱硫污泥输送泵入口母管冲洗电动门，对污泥输送泵进行冲洗，冲洗结束后关闭脱硫污泥输送泵入口母管冲洗电动门
24	就地启动污泥输送泵，检查振动、温度正常，检查压滤机入口压力正常
25	通过脱硫污泥输送泵再循环手动门调节压滤机入口压力，进行保压
26	汇报操作完毕

七、石灰石料仓上料

序号	操作步骤
1	确认石灰石上料系统无检修工作
2	检查DCS画面石灰石上料系统各设备状态正常，已受电，无异常报警
3	检查料仓料位符合启动条件
4	就地检查石灰石上料系统各设备外观良好
5	就地检查斗提机链条张紧度适中、减速机油位正常
6	就地开启石灰石卸料间除尘器压缩空气手动门、石灰石斗提机除尘器压缩空气手动门、石灰石仓顶除尘器压缩空气手动门
7	确认石灰石上料系统启动前检查已执行完毕，具备启动条件
8	确认斗提机下料口、上料口无积料
9	DCS画面启动斗提机，确认启动正常，检查石灰石仓顶布袋除尘器连锁启动正常，检查石灰石斗提机除尘器连锁启动正常，出口差压正常，检查斗提机运行平稳无异声
10	启动1号、2号振动给料机，检查石灰石除铁器连锁启动正常，检查卸料间除尘器启动正常，出口差压正常
11	就地开启石灰石卸料斗1号、2号手动插板门
12	视下料情况，启动钢箅振打器
13	观察石灰石仓的料位，上升正常
14	汇报操作完毕

八、石膏脱水系统停运备用

序号	操作步骤
1	确认脱水系统已具备停运条件
2	停运石膏排出泵，关闭石膏排出泵出口门，打开冲洗水门，对泵体和入口管道冲洗，关闭石膏排出泵进口门
3	开启石膏排出泵出口电动门，对石膏排出泵出口管道进行冲洗，冲洗完毕后关闭石膏排出泵冲洗水门及出口电动门
4	开启石膏旋流器母管管道冲洗水门，冲洗管道及旋流子，确认皮带脱水机滤布上已经无积料，冲洗完毕后关闭石膏旋流器母管管道冲洗水门
5	开启石膏旋流器进口管道排净门，排净后关闭石膏旋流器进口管道排净门
6	开启石膏排出泵出口电动门，就地开启石膏排出泵排放门，排空管道后关闭石膏排出泵排放门及出口电动门

序号	操作步骤
7	关闭石膏分配箱至皮带脱水机电动门
8	停运真空泵
9	检查真空泵密封水进口电动门连锁关闭
10	将真空皮带脱水机转速调至10%~20%额定转速，继续运行
11	冲洗滤布和皮带，检查滤布和皮带冲洗干净后，停运真空皮带脱水机
12	解除滤布冲洗水泵连锁，停运滤布滤饼冲洗水泵，关闭滤布滤饼冲洗水泵进、出口手动门
13	就地关闭真空泵密封水、轴承水手动总门
14	就地关闭真空泵密封水进水手动门
15	就地关闭真空泵密封水进水减压手动门
16	就地关闭真空泵轴封水手动门
17	就地关闭滤布冲洗水、皮带冲洗水、密封水等手动门
18	就地关闭皮带脱水机自动纠偏机构压缩空气手动门
19	就地关闭滤布冲洗水箱进水手动门
20	汇报操作完毕

九、湿式球磨机正常停运

序号	操作步骤
1	接操作命令准备停运湿式球磨机
2	逐步减少秤重给料机给料量，给料到零后停运称重给料机
3	检查石灰石浆液箱2号电动推杆打至磨机头位置；检查1号电动推杆打至石灰石浆液箱位置；检查1号电动推杆连锁投入
4	确认湿式球磨机内物料明显减少，湿式球磨机电流已下降
5	通过调整湿式球磨机再循环箱补水调节门，使再循环液位正常，维持湿式球磨机再循环泵运行一段时间以再循环箱内浆液浓度稀释为主
6	将石灰石浆液箱2号电动推杆打至再循环箱位置
7	启动湿式球磨机高压油泵，确认高压油泵出口压力"油压正常"指示灯亮，振动、声音正常
8	DCS画面出现允许湿式球磨机停运信号，停运湿式球磨机，确认湿式球磨机完全静止
9	关闭湿式球磨机机头补水调节阀
10	当再循环出口母管密度达到1350kg/m³以下时，关闭湿式球磨机再循环箱进水电动调节门

续表

序号	操作步骤
11	检查湿式球磨机再循环箱液位在低位，停运湿式球磨机再循环泵，检查出口电动门连锁关闭，否则手动关闭
12	对停运湿式球磨机再循环泵进行冲洗，开湿式球磨机再循环泵冲洗阀，关湿式球磨机再循环泵进口阀，开湿式球磨机再循环泵出口阀，待再循环出口母管密度降低至水密度，关湿式球磨机再循环泵出口阀，关湿式球磨机再循环泵冲洗阀，开启湿式球磨机再循环泵排净阀排净后关闭
13	检查高压油泵联停正常，否则手动停运
14	停运湿式球磨机减速机油泵，确认减速机油泵停运正常
15	停运湿式球磨机喷射油系统
16	停运湿式球磨机低压油泵，确认低压油泵停运正常
17	关闭湿式球磨机系统冷却水手动总门
18	关闭湿式球磨机进水电动调节门进口手动门
19	关闭湿式球磨机再循环箱进水电动调节门进口手动门
20	汇报操作完毕

十、一台浆液循环泵停运备用

序号	操作步骤
1	接命令脱硫效率高，准备停运一台浆液循环泵
2	调整加大供浆量，选择停运一台浆液循环泵，检查电流到零
3	根据出口SO_2的变化情况，调整供浆量
4	检查连锁自动停运浆液循环泵减速机油泵，否则手动停运
5	关闭浆液循环泵进口电动门
6	检查5号地坑液位情况，液位高暂时停止排放，待地坑自停后继续排浆
7	打开浆液循环泵排净电动门，排放管道积浆
8	关闭排放阀
9	打开浆液循环泵冲洗水电动门，进行冲洗
10	冲洗后关闭冲洗水电动门
11	打开浆液循环泵排放电动门，排放完毕后关闭
12	汇报操作完毕

十一、5A 氧化风机切换 5B 氧化风机运行

序号	操作步骤
1	接操作命令：5A氧化风机切换5B氧化风机运行，具备切换条件
2	开启5A氧化风机排空电动门
3	关闭5A氧化风机出口电动门
4	停运5A氧化风机，电流到零，确认5A氧化风机确已停运
5	待5A氧化风机完全停运后，关闭排空电动门；待5A氧化风机温度降至室温时，关闭进、出口冷却水门
6	确认5B氧化风机无检修工作；检查DCS画面5B氧化风机状态正常，已受电，无异常报警；就地检查5B氧化风机外观良好，入口滤网清洁，轴承油位正常
7	确认5B氧化风机启动前检查已执行完毕，具备启动条件
8	就地开启5B氧化风机冷却水进口手动门，开启5B氧化风机冷却水出口手动门，确认水路畅通
9	在DCS画面上打开5B氧化风机排空阀
10	汇报值长，启动5B氧化风机，观察启动电流返回正常
11	DCS画面打开5B氧化风机出口电动门
12	DCS画面关闭5B氧化风机排空电动门
13	检查5B氧化风机电流、出口压力、流量正常
14	就地测量5B氧化风机振动、温度正常，无异常声音
15	DCS观察5B氧化风机电机轴承温度、电机定子温度、轴承温度温升正常
16	检查氧化风母管压力正常，温度正常，流量正常
17	汇报操作完毕

十二、吸收塔排空

序号	操作步骤
1	接到操作命令：吸收塔浆液排空
2	确认吸收塔浆液循环泵、氧化风机已停运，事故浆液箱无工作、液位低，具备倒浆条件
3	开启吸收塔排水坑至事故浆液箱手动门，关闭吸收塔排水坑至5号吸收塔手动门；检查吸收塔排水坑泵连锁投入正常
4	开启石膏排出泵至事故浆液箱手动门，关闭石膏排出泵至石膏旋流器手动门

续表

序号	操作步骤
5	开启石膏排出泵再循环电动门
6	检查启动5A石膏排出泵： （1）检查5A石膏排出泵排净手动门关闭，开启进口门； （2）开启5A石膏排出泵冲洗水电动门，对进口管道进行冲洗； （3）关闭5A石膏排出泵冲洗水电动门； （4）启动5A石膏排出泵； （5）检查5A石膏排出泵出口电动门连锁开启，观察启动、运行电流正常，出口压力正常； （6）关闭5A石膏排出泵再循环电动门； （7）就地测量5A石膏排出泵振动正常，无异音，温升、温度正常，压力电流正常，检查事故浆液箱液位缓慢上涨，吸收塔液位缓慢下降
7	待吸收塔液位降至5.3m时（**后台加速10倍降低液位**），对1~8号氧化风管进行冲洗
8	待吸收塔液位降至4.5m时，冲洗吸收塔密度计、pH计；关闭吸收塔密度计罐进、出口手动门；用工艺水封存pH计，联系热工人员取走pH计进行保养
9	待吸收塔液位降至3.5m以下时，解除4台吸收塔搅拌器连锁，停止运行并进行冲洗
10	当液位降至2m时，停止石膏排出泵并进行冲洗
11	开启吸收塔1、2号排净门，将吸收塔浆液排至吸收塔排水坑，由排水坑泵将吸收塔浆液排至事故浆液箱
12	待吸收塔排空后，汇报执行完毕

第二节　电气操作试题

一、1号滤液水泵断路器（开关）由"检修"转"热备用"

序号	操作步骤
1	取下标示牌
2	检查1号滤液水泵断路器（开关）手车位置指示器在"检修"位
3	检查1号滤液水泵断路器（开关）"就地/远方"切换旋钮在"就地"位（"开关柜"位置）
4	检查1号滤液水泵断路器（开关）在"分闸"状态[断路器（开关）状态指示"0"]
5	按下1号滤液水泵断路器（开关）"机械闭锁销子"
6	摇入1号滤液水泵断路器（开关）手车至"试验"位

续表

序号	操作步骤
7	检查1号滤液水泵断路器（开关）手车位置指示器在"试验"位
8	打开1号滤液水泵断路器（开关）柜门，合上1号滤液水泵开关柜内"控制电源"断路器（开关）
9	关闭1号滤液水泵开关柜门
10	检查1号滤液水泵断路器（开关）分闸指示灯亮，储能指示灯亮
11	按下1号滤液水泵断路器（开关）"机械闭锁销子"
12	摇入1号滤液水泵断路器（开关）手车至"工作"位
13	检查1号滤液水泵断路器（开关）手车位置指示器在"工作"位
14	切1号滤液水泵断路器（开关）"就地/远方"切换旋钮至"远方"位（"DCS"位置）
15	汇报值长：1号滤液水泵断路器（开关）由"检修"转"热备用"执行完毕

二、脱硫公用MCC段母线1号柜"电源进线（一）至脱硫PC A段"4硫55断路器（开关）由"检修"转"运行"，脱硫公用MCC段母线恢复正常运行方式

序号	操作步骤
1	收回标示牌
2	检查4硫55断路器（开关）手车在"检修"位
3	按下4硫55断路器（开关）"机械闭锁销子"
4	摇入4硫55断路器（开关）手车至"试验"位
5	检查手车位置指示器在"试验"位
6	合上4硫55开关柜内"控制电源"断路器（开关）
7	检查4硫55断路器（开关）在"分闸"状态［检查断路器（开关）状态指示"0"，分闸指示灯亮，电流为零］
8	按下4硫55断路器（开关）"机械闭锁销子"
9	摇入4硫55断路器（开关）手车至"工作"位
10	检查断路器（开关）"位置指示器"在"工作"位
11	检查脱硫PC A段母线至脱硫公用MCC段出线断路器（开关）4硫53断路器（开关）在"热备用"

序号	操作步骤
12	合上脱硫PC A段母线至脱硫公用MCC段出线断路器（开关）4硫53断路器（开关），检查4硫53断路器（开关）电流指示正确
13	检查脱硫PC B段母线至脱硫公用MCC段出线断路器（开关）4硫54断路器（开关）在"运行"状态
14	就地拉开4硫56断路器（开关）
15	检查4硫56断路器（开关）分闸指示绿灯亮，检查断路器（开关）电流到零
16	就地合上4硫55断路器（开关）
17	检查4硫55断路器（开关）红灯亮，电流正确，检查脱硫公用MCC段母线电压正常
18	汇报值长：脱硫公用MCC段母线1号柜"电源进线（一）至脱硫PC A段"4硫55断路器（开关）由"检修"转"运行"执行完毕

三、氧化风机断路器（开关）由"热备用"转"冷备用"（以5B氧化风机为例）

序号	操作步骤
1	检查5B氧化风机电机DCS运行状态在停备，电流为零
2	切5B氧化风机断路器（开关）"就地/远方"切换旋钮至"就地"位
3	检查5B氧化风机断路器（开关）在"分闸"位［就地接线图断路器（开关）绿灯亮，分闸指示灯亮，断路器（开关）状态指示"0"］
4	摇出5B氧化风机断路器（开关）至"试验"位
5	检查5B氧化风机断路器（开关）在"试验"位
6	检查5B氧化风机断路器（开关）一次侧插头绿灯亮
7	解除5B氧化风机开关柜防误闭锁锁具
8	拉开5B氧化风机开关柜内直流电源空气断路器
9	拉开5B氧化风机开关柜内交流电源空气断路器
10	打开5B氧化风机开关柜门
11	取下5B氧化风机断路器（开关）二次侧插头
12	关闭5B氧化风机开关柜门
13	装上5B氧化风机开关柜防误闭锁锁具
14	汇报值长：5B氧化风机断路器（开关）由"热备用"转"冷备用"执行完毕

四、5号脱硫变压器由"运行"转"冷备用"

序号	操作步骤
1	联系值长倒换脱硫PC段可倒换备用负荷，停运不可倒换设备
2	拉开脱硫PC段至保安MCC段4硫57断路器（开关），检查5号机组保安MCC段至脱硫保安MCC段电源自动投入正常
3	停运脱硫公用MCC段母线负荷设备
4	拉开5号脱硫变压器低压侧4硫51断路器（开关），检查电流为零
5	合上380V脱硫PC段分段4硫50断路器（开关）
6	检查380V脱硫PC段分段4硫50断路器（开关）电流正常
7	检查380V脱硫PC段母线电压正常，380V脱硫公用MCC段母线电压正常
8	拉开5号脱硫变压器高压侧6561断路器（开关）
9	联系值长恢复脱硫PC段负荷至操作前方式，启动脱硫公用MCC段母线负荷设备
10	合上脱硫PC段至保安MCC段4硫57断路器（开关），检查5号机组保安MCC段至脱硫保安MCC段电源断路器（开关）自动分闸，检查脱硫保安MCC段电压正常
11	4硫51断路器（开关）由"热备用"转"冷备用"： （1）就地检查4硫51断路器（开关）在"分闸"位置［电流为零，检查分闸指示灯亮，断路器（开关）状态指示"O"］； （2）切4硫51断路器（开关）"就地/远方"切换旋钮至"就地"位（"开关柜"位置）； （3）按下4硫51断路器（开关）"机械闭锁销子"； （4）摇出4硫51断路器（开关）手车至"试验"位； （5）检查4硫51断路器（开关）手车手车位置指示器在"试验"位； （6）拉开4硫51断路器（开关）柜内控制电源 断路器（开关）
12	6561断路器（开关）由"热备用"转"冷备用"： （1）切5号脱硫变压器高压侧6561断路器（开关）"就地/远方"切换旋钮至"就地"位； （2）检查5号脱硫变压器高压侧6561断路器（开关）在"分闸"位［就地接线图开关绿灯亮，分闸指示灯亮，断路器（开关）本体位置显示分位"O"］； （3）切5号脱硫变压器高压侧6561断路器（开关）操控装置储能旋钮切至"手储"位； （4）摇出5号脱硫变压器高压侧6561断路器（开关）至"试验"位； （5）检查5号脱硫变压器高压侧6561断路器（开关）在试验位，一次侧插头绿灯亮； （6）拉开5号脱硫变压器高压侧6561开关柜内直流电源、交流电源空气断路器； （7）解除5号脱硫变压器高压侧6561开关柜防误闭锁锁具，打开5号脱硫变压器高压侧6561开关柜门； （8）取下5号脱硫变压器高压侧6561断路器（开关）二次侧插头； （9）关闭5号脱硫变压器高压侧6561开关柜门，装上5号脱硫变压器高压侧6561开关柜防误闭锁锁具
13	汇报值长：5号脱硫变压器由"运行"转"冷备用"操作完毕

五、5 号脱硫变压器由"冷备用"转"运行"，脱硫 PC A 段母线恢复正常方式

序号	操作步骤
1	检查5号脱硫变压器具备投运条件
2	检查5号脱硫变压器低压侧4硫51断路器（开关）在冷备用，具备投运条件
3	检查5号脱硫变压器高压侧6561断路器（开关）在冷备用，具备投运条件
4	5号脱硫变压器高压侧6561断路器（开关）转"热备用"： （1）检查6561断路器（开关）"就地/远方"切换旋钮在"就地"位； （2）检查6561断路器（开关）手车本体在"试验"位； （3）装上5号脱硫变压器高压侧6561断路器（开关）二次侧插头； （4）关闭5号脱硫变压器高压侧6561开关柜门，投入5号脱硫变压器高压侧6561开关柜防误闭锁锁具； （5）合上5号脱硫变压器高压侧6561开关柜内交流电源空气断路器、控制电源空气断路器； （6）检查5号脱硫变压器高压侧6561断路器（开关）"保护跳闸"连接片在投入； （7）检查5号脱硫变压器高压侧6561断路器（开关）在"分闸"位［电流为零，断路器（开关）状态指示"O"；柜体接线图开关绿灯亮，分闸指示灯亮］； （8）摇入5号脱硫变压器高压侧6561断路器（开关）至"工作"位，检查开关柜体接线图一次侧插头红灯亮； （9）将5号脱硫变压器高压侧6561断路器（开关）储能旋钮切至"自储"位，检查断路器（开关）储能指示正确； （10）将5号脱硫变压器高压侧6561断路器（开关）"就地/远方"切换旋钮切至"远方"位
5	5号脱硫变压器低压侧断路器（开关）［4硫51断路器（开关）］由"冷备用"转"热备用"： （1）检查脱硫PC A段1柜［4硫51断路器（开关）］"6kV保护跳闸"连接片在投入； （2）合上4硫51开关柜内控制电源断路器（开关）； （3）检查4硫51断路器（开关）在"分闸"状态（电流为零，位置状态指示"0"），检查分闸指示灯亮，储能指示灯亮； （4）按下4硫51断路器（开关）"机械闭锁销子"； （5）摇入4硫51断路器（开关）手车至"工作"位，检查手车位置指示器在"工作"位； （6）切4硫51断路器（开关）"就地/远方"切换旋钮至"远方"位（"DCS"位置）
6	合上5号脱硫变压器高压侧6561断路器（开关），检查5号脱硫变压器冲击电流返回正常
7	联系值长倒换脱硫PC段可倒换备用负荷，停运不可倒换设备
8	拉开脱硫PC段至保安MCC段4硫57断路器（开关），检查5号机组保安MCC段至脱硫保安MCC段电源断路器（开关）自动合闸，检查脱硫保安MCC段电压正常
9	停运脱硫公用 MCC 段母线负荷设备
10	拉开380V脱硫PC段分段4硫50断路器（开关），检查4硫50断路器（开关）电流为零
11	合上5号脱硫变低压侧4硫51断路器（开关）
12	检查5号脱硫变压器低压侧4硫51断路器（开关）电流正常，高压侧6561断路器（开关）电流正常
13	检查380V脱硫PC段母线电压正常，380V脱硫公用MCC段母线电压正常
14	联系值长恢复脱硫PC段负荷至操作前方式，启动脱硫公用MCC段母线负荷设备
15	合上脱硫PC段至保安MCC段4硫57断路器（开关），检查5号机组保安MCC段至脱硫保安MCC段电源断路器（开关）自动分闸，检查脱硫保安MCC段电压正常
16	汇报值长：5号脱硫变压器由"冷备用"转"运行"操作完毕

第三节　热机单点故障试题

主要介绍在仿真机机组满负荷工况下单一故障的处理步骤。

一、工艺水箱液位跳变

序号	操作步骤
1	DCS画面检查工艺水箱液位异常波动跳变，正确判断故障点
2	工艺水泵挂"禁操"
3	除雾器冲洗水泵挂"禁操"
4	解除工艺水箱进水阀连锁，打开工艺水箱进水阀进行补水
5	就地调整循环水至工艺水箱手动门，保持工艺水箱高液位适当溢流
6	汇报值长工艺水箱液位计跳变，联系检修进行处理（**后台取消故障**）
7	液位计恢复正常后，投入工艺水箱进水阀连锁自动进行补水
8	解除工艺水泵"禁操"
9	解除除雾器冲洗水泵"禁操"
10	汇报操作完毕

二、吸收塔出口 SO_2 测量故障

序号	操作步骤
1	检查DCS画面，发现出口SO_2缓慢上涨
2	检查运行工况：负荷无变化、入口SO_2无变化、pH值综合分析，增大供浆，pH值升高，出口SO_2仍上升
3	启动备用浆液循环泵，检查5A浆液循环泵无检修，启动条件满足
4	检查DCS画面5A浆液循环泵、减速机油泵及电动门状态正常，已受电，无异常报警
5	就地检查5A浆液循环泵外观良好，轴封水投入，回水正常，泵轴承室油位正常，减速机油位正常
6	启动5A浆液循环泵减速机油泵，检查油压低信号消失，就地检查无漏油现象
7	确认5A浆液循环泵冲洗电动门在关闭位置

序号	操作步骤
8	确认5A浆液循环泵排净电动门在关闭位置
9	打开5A浆液循环泵进口电动门
10	汇报值长，启动5A浆液循环泵，电流返回正常
11	启动后就地测量5A浆液循环泵、减速机及电机振动、温度、声音正常
12	DCS画面观察5A浆液循环泵电机轴承温度、电机定子温度、泵轴承温度正常
13	检查DCS画面，发现出口SO_2继续缓慢上涨
14	判断出口SO_2测量异常
15	立即汇报值长，联系热工维护人员检查出口CEMS工作是否异常（**判断正确，申请后台撤销恢复**）
16	记录出口SO_2超排时间
17	待故障处理完毕，出口SO_2恢复正常后，停运一台浆液循环泵
18	汇报操作完毕

三、吸收塔出口 CEMS 测量仪表氧量显示异常

序号	操作步骤
1	DCS发出"5出口净烟气SO_2含量报警"和"5出口净烟气SO_2小时均值报警"声光报警
2	检查DCS烟气系统画面出口CEMS故障报警
3	对比吸收塔进、出口氧量及机组运行工况，判断因为出口CEMS测量仪表氧量显示异常，引起出口参数折算后超排
4	汇报值长，联系检修进行处理
5	增大供浆量，尽可能将折算前净烟气SO_2含量降低
6	启动备用浆液循环泵，检查5A浆液循环泵无检修，启动条件满足
7	检查DCS画面5A浆液循环泵、减速机油泵及电动门状态正常，已受电，无异常报警
8	就地检查5A浆液循环泵外观良好，轴封水投入，回水正常，泵轴承室油位正常，减速机油位正常
9	启动5A浆液循环泵减速机油泵，检查油压低信号消失，就地检查无漏油现象
10	确认5A浆液循环泵冲洗电动门在关闭位置
11	确认5A浆液循环泵排净电动门在关闭位置

序号	操作步骤
12	打开5A浆液循环泵进口电动门
13	汇报值长，启动5A浆液循环泵
14	启动后就地测量5A浆液循环泵、减速机及电机振动、温度、声音正常
15	DCS画面观察5A浆液循环泵电机轴承温度、电机定子温度、泵轴承温度正常
16	就地投用催化剂
17	记录出口SO_2超排时间，待氧量显示正常，恢复正常运行方式
18	汇报操作完毕

四、吸收塔液位计卡件故障（吸收塔循环泵全停）

序号	操作步骤
1	DCS光字牌发出吸收塔液位低报警信号，延时浆液循环泵全停
2	确认事故喷淋保护动作正常，检查阀门开反馈正常，原烟气入口温度下降，否则手动投入事故喷淋
3	汇报值长，申请快速降负荷，记录出口SO_2超排起始时间
4	查看DCS画面，根据吸收塔单点液位计显示数据正常，吸收塔输出液位大幅度波动，就地检查pH计自流正常，搅拌器运行平稳，判断为吸收塔液位输出卡件故障
5	联系检修人员处理（**判断正确，申请后台撤销恢复**）
6	检查工艺水箱液位，减少其他工艺水用水量，加强工艺水补水，控制工艺水箱液位
7	监视吸收塔进出口烟气温度变化
8	DCS上复位跳闸转机
9	液位显示正常，迅速启动5D浆液循环泵（备用浆液循环泵）
10	检查5D浆液循环泵进口排净门在关闭状态
11	检查5D浆液循环泵出口冲洗门在关闭状态
12	检查5D浆液循环泵进口门在开启状态
13	检查启动5D浆液循环泵减速机油泵
14	启动5D浆液循环泵，电流返回正常
15	依次启动跳闸的浆液循环泵

序号	操作步骤
16	根据出口SO₂排放情况，适当调整供浆量
17	根据原烟气温度、工艺水箱液位，关闭事故喷淋阀，保持一台除雾器冲洗水泵运行
18	汇报值长，申请恢复负荷
19	汇报操作完毕

五、吸收塔入口 SO₂ 浓度下降

序号	操作步骤
1	检查DCS画面，发现入口SO₂明显下降；对烟气系统参数进行检查，发现出口SO₂缓慢下降；机组负荷、氧量、烟气量等其余参数均正常；出、入口CEMS无故障报警
2	判断为入口硫分下降
3	汇报值长，入口SO₂浓度降低，准备切换浆液循环泵优化运行
4	增大供浆量，保证pH值维持在5.6左右
5	检查5A浆液循环泵无检修，启动条件满足
6	检查DCS画面5A浆液循环泵、减速机油泵及电动门状态正常，已受电，无异常报警
7	就地检查5A浆液循环泵外观良好，轴封水投入，回水正常，泵轴承室油位正常，减速机油位正常
8	启动5A浆液循环泵减速机油泵，检查油压低信号消失，就地检查无漏油现象
9	确认5A浆液循环泵冲洗电动门在关闭位置
10	确认5A浆液循环泵排净电动门在关闭位置
11	打开5A浆液循环泵进口电动门
12	汇报值长，启动5A浆液循环泵，检查启动电流返回正常
13	启动后就地检查5A浆液循环泵、减速机及电机振动、温度、声音正常
14	DCS画面观察5A浆液循环泵电机轴承温度、电机定子温度、泵轴承温度正常
15	根据出口SO₂浓度较低，汇报值长，停运5B浆液循环泵
16	检查5B浆液循环泵电流降至0A，就地停转
17	关闭5B浆液循环泵进口电动门
18	检查5号地坑液位不高
19	打开5B浆液循环泵排净电动门，排放管道积浆

续表

序号	操作步骤
20	待管道排净后，关闭5B浆液循环泵排净电动门
21	打开5B浆液循环泵冲洗水电动门，冲洗管道
22	冲洗后关闭5B浆液循环泵冲洗电动门
23	打开5B浆液循环泵排净电动门，排放完毕后关闭
24	根据出口SO_2浓度，调整供浆量
25	汇报操作完毕

六、事故喷淋阀连锁失败

序号	操作步骤
1	原烟气超温报警
2	检查DCS画面，事故喷淋阀状态异常
3	判断事故喷淋阀连锁开启失败
4	立即就地开启事故喷淋阀，检查原烟气温度下降
5	如原烟气温度下降较慢，可就地开启5号吸收塔备用事故浆液喷淋减温水手动门
6	汇报值长，联系检修处理
7	汇报操作完毕

七、事故喷淋减温效果差（0~100）

序号	操作步骤
1	净烟气超温报警
2	检查DCS画面，事故喷淋阀已打开（**后台给定80%**）
3	判断事故喷淋减温效果差
4	立即就地开启5号吸收塔备用事故喷淋减温水手动门
5	检查烟温缓慢下降
6	汇报值长，联系检修处理
7	汇报操作完毕

八、入炉煤硫分超脱硫系统设计值

序号	操作步骤
1	DCS光字牌发出"吸收塔进口SO_2超设计值"报警，根据脱硫效率、吸收塔pH值等参数变化判断入炉煤硫分超脱硫系统设计值
2	DCS光字牌发出"出口SO_2超标"报警
3	增大石灰石浆液量调整门开度，加强供浆
4	启动备用浆液循环泵，检查5A浆液循环泵无检修，启动条件满足
5	检查DCS画面5A浆液循环泵、减速机油泵及电动门状态正常，已受电，无异常报警
6	就地检查5A浆液循环泵外观良好，轴封水投入，回水正常，泵轴承室油位正常，减速机油位正常
7	启动5A浆液循环泵减速机油泵，检查油压低信号消失，就地检查无漏油现象
8	确认5A浆液循环泵冲洗电动门在关闭位置
9	确认5A浆液循环泵排净电动门在关闭位置
10	开启5A浆液循环泵进口电动门
11	汇报值长，启动5A浆液循环泵，电流返回正常
12	启动后就地测量5A浆液循环泵、减速机及电机振动、温度、声音正常
13	DCS画面观察5A浆液循环泵电机轴承温度、电机定子温度、泵轴承温度正常
14	就地在5号地坑投放催化剂，对吸收塔地坑注水，启动地坑泵，查看出口SO_2排放合格
15	汇报值长，要求配煤掺烧，控制入口硫分（**后台撤销故障**）
16	记录出口SO_2超排时间
17	汇报操作完毕

九、吸收塔浆液起泡

序号	操作步骤
1	DCS光字牌发出"5号吸收塔中部液位高"声光报警信号
2	DCS光字牌发出"5号吸收塔溢流箱液位高"声光报警信号
3	DCS光字牌发出"5号吸收塔排水坑液位高"声光报警信号
4	检查DCS画面，发现吸收塔底部液位正常

序号	操作步骤
5	检查DCS画面，发现吸收塔排水坑泵已自启，电流偏低
6	判断为吸收塔发生起泡
7	解除除雾器冲洗水连锁，控制吸收塔液位
8	就地在吸收塔排水坑添加消泡剂（**故障自动撤销**）
9	待吸收塔中部液位恢复正常后，停止消泡剂加入
10	汇报操作完毕

十、吸收塔塔壁泄漏

序号	操作步骤
1	DCS光字牌发"5号吸收塔排水坑液位高"声光报警信号
2	检查DCS画面浆液循环泵电流无异常，排除浆液循环泵管道漏浆可能
3	就地检查吸收塔各设备排放门均在关闭位置
4	检查DCS画面吸收塔液位缓慢下降，判断吸收塔漏浆
5	投用除雾器冲洗，为吸收塔补水
6	检查5A浆液循环泵无检修，DCS画面状态正常，已受电，无异常报警
7	就地检查5A浆液循环泵外观良好，轴封水投入，回水正常，泵轴承室油位正常，减速机油位正常
8	确认5A浆液循环泵启动前检查已执行完毕，具备启动条件
9	启动5A浆液循环泵减速机油泵，就地检查无漏油现象
10	确认5A浆液循环泵冲洗电动门在关闭位置，确认5A浆液循环泵排净电动门在关闭位置
11	打开5A浆液循环泵进口电动门，管道注浆过程中检查泵体转动正常，无卡涩
12	启动5A浆液循环泵
13	观察启动、运行电流正常，检查5A浆液循环泵、减速机及电机振动、温度正常，无异音
14	逐一切换浆液循环泵，发现停运5C浆液循环泵后，吸收塔液位不再下降
15	判断塔壁漏浆为5C浆液循环泵喷淋层位置
16	5C浆液循环泵挂"禁操"
17	对5C浆液循环泵管道进行冲洗及排空，将断路器（开关）转至"冷备用"状态
18	汇报值长，联系检修处理，同时做好无备用泵的事故预想
19	汇报操作完毕

十一、吸收塔 pH 计指示高（冲洗水门误开）

序号	操作步骤
1	DCS画面显示吸收塔pH值报警，显示红色，吸收塔密度降低至水密度
2	查阅历史曲线，密度及pH值显示突变
3	就地查看pH计冲洗水门在开启状态
4	关闭吸收塔密度计冲洗手动门
5	检查DCS显示吸收塔pH值及密度值恢复正常
6	汇报操作完毕

十二、吸收塔 B 搅拌器过负荷跳闸

序号	操作步骤
1	DCS光字牌发出"5B吸收塔搅拌器事故跳闸"声光报警信号
2	盘面发现5B吸收塔搅拌器停运，电流降为零
3	5B吸收塔搅拌器操作画面显示"设备故障"，进行复位
4	解除5B吸收塔搅拌器连锁
5	复位跳闸转机，无法复位，在操作面板挂"禁操"
6	DCS查阅5B吸收塔搅拌器电流历史趋势，发现电流明显上升后跳闸，确认5B吸收塔搅拌器过负荷跳闸
7	检查电源断路器（开关），发现"过流"报警，对断路器（开关）报警进行复位
8	就地打开5B吸收塔搅拌器冲洗水门，对5B吸收塔搅拌器进行冲洗
9	通知检修对5B吸收塔搅拌器盘车，盘动正常后，解除"禁操"
10	检查搅拌器具备启动条件，启动5B吸收塔搅拌器
11	检查5B吸收塔搅拌器运行正常，振动正常，电流正常，无异音
12	关闭5B吸收塔搅拌器冲洗水，投入连锁
13	汇报操作完毕

十三、吸收塔 A 搅拌器皮带打滑

序号	操作步骤
1	检查DCS画面，发现DCS显示吸收塔5A搅拌器电流异常，查阅历史曲线，发现电流波动较大
2	判断为5A吸收塔搅拌器皮带打滑
3	解除5A吸收塔搅拌器连锁
4	停运5A吸收塔搅拌器，在DCS操作面板上挂"禁操"
5	打开5A吸收塔搅拌器冲洗水进行冲洗
6	联系检修处理
7	汇报操作完毕

十四、5A 浆液循环泵电气故障

序号	操作步骤
1	DCS光字牌发出"5A浆液循环泵跳闸"声光报警信号
2	检查DCS画面5A浆液循环泵电流到零，就地检查5A浆液循环泵确已停运，确认5A浆液循环泵跳闸
3	出口SO$_2$浓度上升，增大供浆量
4	立即汇报值长，根据出口SO$_2$参数，启动备用浆液循环泵
5	检查5B浆液循环泵无检修，启动条件满足
6	检查DCS画面5B浆液循环泵、减速机油泵及电动门状态正常，已受电，无异常报警
7	就地检查5B浆液循环泵外观良好，轴封水投入，回水正常，泵轴承室油位正常，减速机油位正常
8	启动5B浆液循环泵减速机油泵，检查油压低信号消失，就地检查无漏油现象
9	确认5B浆液循环泵冲洗电动门在关闭位置
10	确认5B浆液循环泵排净电动门在关闭位置
11	打开5B浆液循环泵进口电动门
12	汇报值长，启动5B浆液循环泵，电流返回正常
13	启动后就地测量5B浆液循环泵、减速机及电机振动、温度、声音正常
14	DCS画面观察5B浆液循环泵电机轴承温度、电机定子温度、泵轴承温度正常

序号	操作步骤
15	根据出口SO_2浓度变化，调整供浆量
16	复位跳闸转机，无法复位，在操作面板上挂"禁操"
17	连锁停运5A浆液循环泵减速机油泵
18	关闭5A浆液循环泵进口电动门
19	打开5A浆液循环泵排净电动门，排净管道积浆，关闭排净电动门
20	打开5A浆液循环泵冲洗电动门，进行冲洗，冲洗后关闭冲洗电动门
21	打开5A浆液循环泵排净电动门，排净完毕后关闭
22	就地核对5A浆液循环泵断路器（开关）双重编号正确无误
23	就地检查5A浆液循环泵电源断路器（开关）发"速断"报警信号
24	将5A浆液循环泵断路器（开关）由"热备用"转"检修"
25	检查5A浆液循环泵电机DCS运行状态在停备，电流为零
26	切5A浆液循环泵断路器（开关）"就地/远方"切换旋钮至"就地"位
27	检查5A浆液循环泵断路器（开关）在"分闸"位［就地接线图断路器（开关）绿灯亮，分闸指示灯亮，断路器（开关）状态指示"0"］
28	摇出5A浆液循环泵断路器（开关）至"试验"位，检查5A浆液循环泵断路器（开关）在试验位，一次侧插头绿灯亮
29	打开5A浆液循环泵断路器（开关）控制柜门
30	断开5A浆液循环泵断路器（开关）控制柜内直流电源空气断路器
31	断开5A浆液循环泵断路器（开关）控制柜内交流电源空气断路器
32	关闭5A浆液循环泵断路器（开关）控制柜门
33	检查5A浆液循环泵开关柜所有指示灯及综保状态消失
34	解除5A浆液循环泵断路器（开关）本体柜防误闭锁锁具
35	打开5A浆液循环泵断路器（开关）本体柜门
36	取下5A浆液循环泵断路器（开关）二次侧插头
37	摇出5A浆液循环泵断路器（开关）至"检修"位
38	关闭5A浆液循环泵断路器（开关）本体柜门
39	装上5A浆液循环泵开关柜防误闭锁锁具
40	合上5A浆液循环泵断路器（开关）接地刀闸

续表

序号	操作步骤
41	检查5A浆液循环泵断路器（开关）接地刀闸状态指示器在合闸位，检查5A浆液循环泵断路器（开关）接地刀闸三相均在合闸位
42	在5A浆液循环泵开关柜门上挂"禁止合闸，有人工作"，在5A浆液循环泵断路器（开关）处设置遮栏
43	汇报值长，联系检修处理，记录SO_2超标时间，同时做好无备用泵事故预想
44	汇报操作完毕

十五、5A 吸收塔浆液循环泵出口管大量泄漏

序号	操作步骤
1	DCS光字牌发出"出口SO_2超标"声光报警信号
2	查看DCS画面吸收塔液位急剧下降
3	5A浆液循环泵电流异常增大
4	判断吸收塔5A浆液循环泵出口管泄漏
5	紧急停运故障5A浆液循环泵，关闭入口电动门
6	检查吸收塔液位保持稳定
7	加大供浆量，调整参数
8	启动除雾器冲洗程控逻辑，及时补水，提升吸收塔液位
9	汇报值长，启动5B浆液循环泵
10	检查5B浆液循环泵无检修，启动条件满足
11	检查DCS画面5B浆液循环泵、减速机油泵及电动门状态正常，已受电，无异常报警
12	就地检查5B浆液循环泵外观良好，轴封水投入，回水正常，泵轴承室油位正常，减速机油位正常
13	启动5B浆液循环泵减速机油泵，检查油压低信号消失，就地检查无漏油现象
14	确认5B浆液循环泵冲洗电动门在关闭位置
15	确认5B浆液循环泵排净电动门在关闭位置
16	打开5B浆液循环泵进口电动门
17	汇报值长，启动5B浆液循环泵，电流返回正常
18	启动后就地测量5B浆液循环泵、减速机及电机振动、温度、声音正常
19	DCS画面观察5B浆液循环泵电机轴承温度、电机定子温度、泵轴承温度正常

序号	操作步骤
20	根据出口SO_2调整供浆量
21	连锁停运5A浆液循环泵减速机油泵
22	打开5A浆液循环泵排净电动门，排净管道积浆，关闭排净电动门
23	在DCS画面5A浆液循环泵操作面板上挂"禁操"，将电源断路器（开关）切至"冷备用"状态
24	汇报值长，联系检修处理，记录SO_2超标时间，同时做好无备用泵事故预想
25	汇报操作完毕

十六、除雾器差压高

序号	操作步骤
1	DCS画面发出"除雾器差压高"报警，检查除雾器差压，发现除雾器差压高
2	检查调看除雾器差压历史曲线，发现除雾器差压缓慢上升
3	适当设置缩短除雾器冲洗阀与阀间、层间的时间间隔，加强冲洗，加强对除雾器进行冲洗
4	除雾器冲洗后加强对除雾器差压监视，观察差压逐步下降至正常范围
5	判断为除雾器堵塞
6	汇报操作完毕

十七、除雾器二级下3号门故障

序号	操作步骤
1	DCS画面发出"5号除雾器系统冲洗阀故障"报警
2	DCS画面检查时发现除雾器二级下3号门处于"黄闪"状态
3	DCS画面关闭除雾器二级下3号门，发现电动门关故障，除雾器二级下3号门无法关闭
4	就地关闭除雾器二级下3号门
5	DCS画面将除雾器二级下3号门挂"禁操"，通知检修处理
6	汇报操作完毕

十八、一级除雾器下部 5 号冲洗水阀内漏

序号	操作步骤
1	DCS画面检查发现除雾器冲洗水门全关时，除雾器冲洗水流量显示40m³/h
2	DCS画面查看除雾器冲洗水泵电流发现除雾器正常冲洗时电流为85.3A，而未冲洗时电流为67.3A，现在除雾器冲洗水泵电流为80.7A，判断有除雾器冲洗水门内漏
3	DCS依次开关除雾器冲洗水电动门
4	通过观察除雾器冲洗水流量的变化判断内漏的冲洗水门为一级除雾器下部5号冲洗水阀内漏
5	就地手摇一级除雾器下部5号冲洗水阀，检查内漏流量降至5t/h以下
6	汇报值长，联系检修进行处理
7	监视吸收塔液位，防止吸收塔溢流，吸收塔液位高时停除雾器冲洗水泵运行
8	汇报操作完毕

十九、吸收塔底部排放门误开

序号	操作步骤
1	DCS发出"5号吸收塔排水坑液位高"声光报警
2	DCS检查吸收塔液位下降，浆液循环泵等设备参数无明显变化，投入除雾器冲洗水补水
3	DCS检查5号吸收塔排水坑泵运行情况，发现地坑泵正常运行，电流正常，液位上升
4	就地检查漏点，发现吸收塔底部排放门开启，立即关闭
5	检查吸收塔液位停止下降，调整吸收塔至正常液位运行
6	判断为吸收塔底部排放门误开
7	汇报操作完毕

二十、氧化风机 A 跳闸

序号	操作步骤
1	DCS光字牌发出"5A氧化风机跳闸""去5号氧化空气压力报警"报警
2	DCS发现5A氧化风机停运，电流到零，氧化风母管压力下降，流量下降

续表

序号	操作步骤
3	复位跳闸转机，无法复位，操作面板挂"禁操"
4	打开5A氧化风机排空门，关闭出口电动门
5	汇报值长5A氧化风机跳闸，检查启动备用氧化风机
6	确认5B氧化风机无检修工作，检查DCS画面5B氧化风机状态正常，无异常报警
7	就地检查5B氧化风机外观良好，入口滤网清洁，油位正常
8	确认5B氧化风机启动前检查已执行完毕，具备启动条件
9	就地开启5B氧化风机冷却水进、出口手动门，确认水路畅通
10	DCS画面打开5B氧化风机排空阀
11	汇报值长，启动5B氧化风机，观察启动电流返回正常
12	DCS画面开启5B氧化风机出口电动门
13	待5B氧化风机出口电动门开启反馈正常后，关闭排空电动门
14	就地检查5B氧化风机振动、温度正常，无异常声音
15	DCS观察5B氧化风机电机轴承温度、电机定子温度、轴承温度温升正常
16	检查氧化风母管出口压力、流量正常，无报警
17	就地查看5A氧化风机电气开关柜无任何报警
18	在DCS上对5A氧化风机挂"禁操"，将断路器（开关）切至"冷备用"状态
19	汇报值长，联系检修处理，同时做好事故预想
20	汇报操作完毕

二十一、A氧化风机入口滤网堵

序号	操作步骤
1	DCS光字牌发出"去5号氧化空气压力报警"报警
2	根据DCS显示5A氧化风机电流升高、母管流量及压力降低
3	判断5A氧化风机入口滤网堵塞
4	汇报值长，停运故障5A氧化风机，启动备用氧化风机
5	开启5A氧化风机排空电动门

序号	操作步骤
6	关闭5A氧化风机出口电动门
7	停运5A氧化风机
8	就地检查确认5A氧化风机确已停运
9	待5A氧化风机停运后，关闭排空电动门
10	确认5B氧化风机无检修工作，检查DCS画面5B氧化风机状态正常，无异常报警
11	就地检查5B氧化风机外观良好，入口滤网清洁，油位正常
12	确认5B氧化风机启动前检查已执行完毕，具备启动条件
13	就地开启5B氧化风机冷却水进、出口手动门，确认水路畅通
14	DCS画面打开5B氧化风机排空阀
15	汇报值长，启动5B氧化风机，观察启动电流返回正常
16	DCS画面开启5B氧化风机出口电动门
17	待5B氧化风机出口电动门开启反馈正常后，关闭排空电动门
18	就地检查5B氧化风机振动、温度正常，无异常声音
19	DCS观察5B氧化风机电机轴承温度、电机定子温度、轴承温度温升正常
20	检查氧化风母管出口压力、流量正常，无报警
21	汇报值长，联系检修处理，同时做好事故预想
22	汇报操作完毕

二十二、A 氧化风机出口门前漏风

序号	操作步骤
1	DCS光字牌发出"去5号氧化空气压力报警"报警
2	DCS显示5A氧化风机电流下降、氧化风母管流量及压力降低
3	判断5A氧化风机出口门前漏风
4	汇报值长，停运故障5A氧化风机，启动备用氧化风机
5	开启5A氧化风机排空电动门
6	关闭5A氧化风机出口电动门

续表

序号	操作步骤
7	停运5A氧化风机
8	就地检查确认5A氧化风机确已停运
9	待5A氧化风机停运后，关闭排空电动门
10	确认5B氧化风机无检修工作，DCS画面状态正常，无异常报警
11	就地检查5B氧化风机外观良好，入口滤网清洁，油位正常
12	确认5B氧化风机启动前检查已执行完毕，具备启动条件
13	就地开启5B氧化风机冷却水进、出口手动门，确认水路畅通
14	DCS画面打开5B氧化风机排空阀
15	汇报值长，启动5B氧化风机，观察启动电流返回正常
16	DCS画面开启5B氧化风机出口电动门
17	待5B氧化风机出口电动门开启反馈正常后，关闭排空电动门
18	就地检查5B氧化风机振动、温度正常，无异常声音
19	DCS观察5B氧化风机电机轴承温度、电机定子温度、轴承温度温升正常
20	检查氧化风母管出口压力、流量正常，无报警
21	汇报值长，联系检修处理，同时做好事故预想
22	汇报操作完毕

二十三、A氧化风机冷却水中断（门误关）

序号	操作步骤
1	DCS光字牌发出"5A氧化风机后轴承温度1>95°报警""5A氧化风机后轴承温度2>95°"报警
2	检查5A氧化风机温度测点，发现风机轴承温度测点均快速上升
3	判断为5A氧化风机冷却水系统异常
4	就地检查5A氧化风机冷却水入口门在关闭状态
5	就地开启5A氧化风机冷却水入口门
6	5A氧化风机各轴承温度测点均下降恢复至正常
7	汇报操作完毕

二十四、氧化空气管路堵，母管压力高报警

序号	操作步骤
1	DCS光字牌发出"去5氧化空气压力报警"报警
2	DCS画面检查各相关参数发现，运行各氧化风机电流均升高，氧化风母管压力升高、流量下降、温度上升
3	判断为氧化风出口管道堵塞
4	就地检查各氧化风支路阀门均在开启位置
5	依次关闭氧化风支路阀门，观察氧化风母管压力变化，判断确认堵塞支路（**氧化风2、3、4支路堵塞**）
6	关闭堵塞氧化风风管支路进口手动门，开启冲洗水门，进行冲洗
7	冲洗结束关闭冲洗水门，停止冲洗，开启支路氧化风进口手动门
8	DCS检查氧化风机电流、氧化风母管压力、氧化风流量恢复正常值，DCS光字牌"去5氧化空气压力报警"消失
9	汇报操作完毕

二十五、石膏旋流器堵

序号	操作步骤
1	DCS光字牌发出"1号石膏旋流器压力高"声光报警信号
2	检查DCS画面，发现1号石膏旋流器压力高，石膏排出泵出口压力上涨、电流下降
3	判断为1号石膏旋流器旋流子堵塞
4	就地打开备用旋流子，DCS观察旋流子压力恢复正常
5	依次开关1~10号旋流子，观察旋流器压力变化情况，排查堵塞旋流子
6	当关闭1号、2号旋流子时，旋流器压力无任何变化，判断为1号、2号旋流子发生堵塞
7	停运石膏排出泵，关闭石膏排出泵出口门
8	打开石膏旋流器母管冲洗水阀，对石膏旋流子进行冲洗
9	冲洗后关闭石膏旋流器母管冲洗水阀，关闭备用旋流子
10	启动石膏排出泵，观察旋流器压力高报警仍然存在
11	打开备用旋流子，联系检修对1号、2号旋流子进行处理
12	汇报操作完毕

二十六、A石膏排出泵管道堵塞

序号	操作步骤
1	检查DCS画面，发现5A石膏排出泵电流下降，出口压力降低，滤饼厚度下降
2	判断5A石膏排出泵故障或入口管道堵塞
3	停运5A石膏排出泵，关闭出口门
4	打开5A石膏排出泵冲洗水门，对泵及入口管道进行冲洗
5	关闭5A石膏排出泵入口门，打开出口门，对出口管道进行冲洗，检查冲洗水压力正常
6	冲洗后关闭5A石膏排出泵冲洗水门，关闭出口门
7	打开石膏排出泵再循环门，启动5A石膏排出泵，检查发现5A石膏排出泵电流偏低，出口压力偏低
8	停运5A石膏排出泵，关闭出口门，打开冲洗水门，对泵及入口管道进行冲洗后关闭，在操作面板上挂"禁操"
9	检查5B石膏排出泵无检修，DCS无报警，电源投用正常，外观正常，就地盘动正常，具备启动条件
10	就地检查5B石膏排出泵排净门关闭
11	打开5B石膏排出泵入口门，打开冲洗水门对泵体及入口管道进行冲洗，冲洗后关闭冲洗水门
12	打开石膏排出泵再循环门
13	启动5B石膏排出泵，检查出口门连锁开启，关闭石膏排出泵再循环电动门，观察电流、出口压力正常
14	就地检查5B石膏排出泵振动正常，温升、温度正常，无异音
15	检查石膏旋流器压力正常
16	检查滤饼厚度，调整脱水皮带机频率
17	汇报值长，联系检修进行处理
18	汇报操作完毕

二十七、A石膏排出泵跳闸

序号	操作步骤
1	DCS光字牌发出"5A石膏排出泵跳闸"声光报警信号
2	检查石膏排出泵停运，电流为零，出口无压力
3	复位跳闸转机，5A石膏排出泵操作面板显示"设备故障"，无法复位

续表

序号	操作步骤
4	关闭5A石膏排出泵进口门，打开5A石膏排出泵冲洗水门，对出口管道进行冲洗
5	冲洗后关闭5A石膏排出泵出口门，冲洗泵及入口管道，冲洗后排净
6	检查5B石膏排出泵无检修，DCS无报警，电源投用正常，外观正常，就地盘动正常，具备启动条件
7	就地检查5B石膏排出泵排净门关闭
8	打开5B石膏排出泵进口门，打开5B石膏排出泵冲洗水门对泵体及入口管道进行冲洗
9	冲洗后关闭5B石膏排出泵进口门，打开5B石膏排出泵出口门，对出口管道进行冲洗，冲洗后关闭出口门，关闭冲洗水门
10	打开石膏排出泵再循环门，打开5B石膏排出泵进口门，启动5B石膏排出泵，观察启动电流返回正常
11	检查5B石膏排出泵出口电动门连锁开启，观察运行电流正常，出口压力正常
12	关闭5B石膏排出泵再循环电动门
13	就地测量5B石膏排出泵振动正常，无异音，温升、温度正常，压力电流正常，检查石膏旋流器压力正常
14	检查滤饼厚度，调整脱水皮带机频率
15	就地检查5A石膏排出泵电源开关柜上无报警信号
16	在DCS操作面板上将5A石膏排出泵挂"禁操"，将断路器（开关）切至"冷备用"状态
17	汇报值长，联系检修处理
18	汇报操作完毕

二十八、滤液水箱搅拌器跳闸

序号	操作步骤
1	DCS光字牌发出"滤液水箱搅拌器跳闸"声光报警
2	检查滤液水箱搅拌器确已停运，解除滤液水箱搅拌器连锁
3	复位跳闸转机，无法复位，滤液水箱搅拌器操作面板挂"禁操"
4	就地检查滤液水箱搅拌器电源开关柜上无报警
5	停运石膏排出泵，关闭石膏排出泵出口电动门，打开冲洗水阀，对泵体和入口管道冲洗，冲洗完毕后关闭石膏排出泵进口阀

序号	操作步骤
6	开启石膏排出泵出口电动门，对石膏排出泵出口管道进行冲洗，冲洗完毕后关闭石膏排出泵冲洗水阀及出口电动门
7	开启石膏排出泵出口电动门，就地开启石膏排出泵排放门，排空管道后关闭石膏排出泵排放阀及出口电动门
8	停运真空泵
9	将真空皮带脱水机转速调至10%~20%额定转速，滤布冲洗干净，停运脱水机
10	解除滤布冲洗水泵连锁，停运滤布滤饼冲洗水泵
11	停运废水旋流器给料泵，并冲洗泵及管道
12	解除1号、2号滤液水泵连锁，停运滤液水泵，并冲洗泵及管道
13	停运脱水区排水坑泵，解除连锁，挂"禁操"
14	隔绝滤液水箱所有来水，开启底部排放阀，排净积浆
15	汇报值长，联系检修处理，将滤液水箱搅拌器断路器（开关）置"冷备用"状态
16	汇报操作完毕

二十九、A滤液水泵出力降低（0~100）

序号	操作步骤
1	查看DCS画面A滤液水泵运行电流下降，出口压力下降
2	判断A滤液水泵出力下降或管道堵塞
3	解除A、B滤液水泵连锁，停运A滤液水泵，检查电流、压力为零
4	检查A滤液水泵出口电动门连锁关闭
5	打开A滤液水泵冲洗水电动门，冲洗泵及管道
6	关闭A滤液水泵入口电动门，开启A滤液水泵出口电动门，对出口管道进行冲洗，检查出口压力正常
7	关闭A滤液水泵出口电动门，关闭A滤液水泵冲洗水电动门
8	打开A滤液水泵入口电动门，启动A滤液水泵，检查A滤液水泵出口电动门连锁开启，检查A滤液水泵电流、压力仍低
9	判断A滤液水泵出力低
10	停运A滤液水泵，开启冲洗水电动门，对泵体及入口管道冲洗

序号	操作步骤
11	关闭A滤液水泵入口电动门、冲洗水电动门，开启排净手动门，待排净后关闭手动门
12	检查B滤液水泵无检修，DCS无报警，电源投用正常，外观正常，就地盘动正常，具备启动条件
13	就地检查B滤液水泵排净门关闭
14	打开B滤液水泵进口门，打开冲洗水门对泵体及入口管道进行冲洗
15	冲洗后关闭B滤液水泵进口门，打开出口门，对出口管道进行冲洗，冲洗后关闭出口门，关闭冲洗水门
16	打开B滤液水泵进口门，启动B滤液水泵，观察启动电流返回正常
17	检查B滤液水泵出口电动门连锁开启，观察运行电流正常，出口压力正常
18	就地检查振动、声音、温度正常
19	DCS画面A滤液水泵操作面板挂"禁操"，将断路器（开关）切至"冷备用"状态
20	汇报值长，联系检修处理，同时做好无备用泵的事故预想
21	汇报操作完毕

三十、1号真空皮带脱水机因拉绳开关误动跳闸

序号	操作步骤
1	光字牌发出"1号脱水机跳闸""1号真空泵跳闸"声光报警
2	DCS画面确认1号脱水机跳闸，1号真空泵跳闸
3	检查石膏分配箱至1号脱水机进料阀门是否连锁关闭，否则手动关闭
4	检查石膏排出泵再循环电动门连锁开启正常
5	DCS检查1号脱水机跳闸首出原因为：1号脱水机紧急拉绳开关动作
6	就地复位1号脱水机紧急拉绳开关，DCS报警消失
7	远方启动1号脱水机运行，待滤布、皮带冲洗干净后停运
8	停止1号滤布冲洗水泵运行
9	检查2号脱水系统无检修，各设备DCS无报警，电源投用正常，外观正常，就地盘动正常，具备启动条件
10	就地检查真空泵排净门关闭，开启密封水、轴封水手动总门
11	就地开启真空泵密封水进水手动门

序号	操作步骤
12	就地开启滤布冲洗水、皮带冲洗水、密封水、滚筒冲洗水等手动门
13	就地开启皮带脱水机自动纠偏机构压缩空气手动门
14	就地检查滤布冲洗水箱排空门关闭，开启滤布冲洗水箱进水手动门
15	就地开启2号滤布冲洗水泵进、出口门
16	就地开启3号滤布冲洗水泵至2号滤布冲洗水泵联络手动门，关闭3号滤布冲洗水泵至1号滤布冲洗水泵联络手动门
17	启动2号滤布冲洗水泵，就地检查出口压力正常，喷嘴无堵塞，出水正常，将备用泵投连锁
18	检查调整2号皮带脱水机频率20%左右，启动2号真空皮带脱水机
19	开启2号真空泵密封水进口阀，启动真空泵，检查启动电流正常，就地检查振动、温度、声音正常
20	启动正常后检查滤布和皮带的对中情况，以及自动纠偏机构的动作情况良好
21	开启石膏分配箱至2号皮带脱水机电动阀
22	开启石膏排出泵再循环电动阀，启动石膏排出泵，检查电流、压力正常，关闭石膏排出泵再循环电动阀
23	根据滤饼厚度调整2号皮带脱水机频率，并查看真空度正常，投入滤饼冲洗水
24	汇报值长，联系检修处理
25	汇报操作完毕

三十一、1号皮带纠偏装置仪用气门误关，滤布跑偏

序号	操作步骤
1	DCS发出"1号脱水机滤布走偏（驱动侧）""1号脱水机滤布走偏（操作侧）"声光报警
2	就地检查发现1号脱水机纠偏装置仪用空气进口手动门误关
3	开启1号脱水机纠偏装置仪用空气进口手动门
4	就地检查1号脱水机自动纠偏装置动作正常，滤布恢复对中
5	检查"1号脱水机滤布走偏（驱动侧）""1号脱水机滤布走偏（操作侧）"报警信号消失
6	如未及时发现，"1号真空皮带脱水机跳闸"报警
7	真空泵需要10min后方允许启动，准备启动2号皮带脱水机运行
8	检查2号脱水系统无检修，各设备DCS无报警，电源投用正常，外观正常，具备启动条件

序号	操作步骤
9	就地检查真空泵排净门关闭，开启密封水、轴封水手动总门
10	就地开启真空泵密封水进水手动门
11	就地开启滤布冲洗水、皮带冲洗水、密封水、滚筒冲洗水等手动门
12	就地开启皮带脱水机自动纠偏机构压缩空气手动门
13	就地检查滤布冲洗水箱排空门关闭，开启滤布冲洗水箱进水手动门
14	就地开启2号滤布冲洗水泵进、出口门
15	就地开启3号滤布冲洗水泵至2号滤布冲洗水泵联络手动门，关闭3号滤布冲洗水泵至1号滤布冲洗水泵联络手动门
16	启动2号滤布冲洗水泵，就地检查出口压力正常，喷嘴无堵塞，出水正常，将备用泵投连锁
17	检查调整2号皮带脱水机频率20%左右，启动2号真空皮带脱水机
18	开启2号真空泵密封水进口阀，启动真空泵，检查启动电流正常，就地检查振动、温度、声音正常
19	启动正常后检查滤布和皮带的对中情况，以及自动纠偏机构的动作情况良好
20	开启石膏分配箱至2号皮带脱水机电动阀
21	开启石膏排出泵再循环电动阀，启动5A石膏排出泵，检查电流、压力正常，关闭石膏排出泵再循环电动阀
22	根据滤饼厚度调整2号皮带脱水机频率，并查看真空度正常，投入滤饼冲洗水
23	汇报值长，联系检修处理
24	汇报操作完毕

三十二、1号真空泵电气故障

序号	操作步骤
1	DCS光字牌发出"1号真空泵跳闸""1号脱水皮带机跳闸""1号真空密封水流量低"报警信号
2	翻阅DCS画面发现1号真空泵跳闸状态，电流为零；1号脱水皮带机为跳闸状态；石膏排出泵再循环电动阀联开
3	检查跳闸前1号真空泵电流、轴承温度无异常
4	就地配电间检查发现1号真空泵开关柜综保显示"电流速断"保护动作，确认1号真空泵因电气原因跳闸
5	远方启动1号脱水机运行，待滤布、皮带冲洗干净后停运

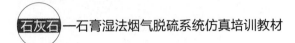

续表

序号	操作步骤
6	停止1号滤布冲洗水泵运行
7	检查2号脱水系统无检修，各设备DCS无报警，电源投用正常，外观正常，就地盘动正常，具备启动条件
8	就地检查真空泵排净门关闭，开启密封水、轴封水手动总门
9	就地开启真空泵密封水进水手动门
10	就地开启滤布冲洗水、皮带冲洗水、密封水、滚筒冲洗水等手动门
11	就地开启皮带脱水机自动纠偏机构压缩空气手动门
12	就地检查滤布冲洗水箱排空门关闭，开启滤布冲洗水箱进水手动门
13	就地开启2号滤布冲洗水泵进、出口门
14	就地开启3号滤布冲洗水泵至2号滤布冲洗水泵联络手动门，关闭3号滤布冲洗水泵至1号滤布冲洗水泵联络手动门
15	启动2号滤布冲洗水泵，就地检查出口压力正常，喷嘴无堵塞，出水正常，将备用泵投连锁
16	检查调整2号皮带脱水机频率20%左右，启动2号真空皮带脱水机
17	开启2号真空泵密封水进口阀，启动真空泵，检查启动电流正常，就地检查振动、温度、声音正常
18	启动正常后检查滤布和皮带的对中情况，以及自动纠偏机构的动作情况良好
19	开启石膏分配箱至2号皮带脱水机电动阀
20	开启石膏排出泵再循环电动阀，启动石膏排出泵，检查电流、压力正常，关闭石膏排出泵再循环电动阀
21	根据滤饼厚度调整2号皮带脱水机频率，并查看真空度正常，投入滤饼冲洗水
22	就地核对1号真空泵断路器（开关）双重编号正确无误
23	切1号真空泵断路器（开关）"就地/远方"切换旋钮至"就地"位
24	检查1号真空泵断路器（开关）在"分闸"位〔就地接线图断路器（开关）绿灯亮，分闸指示灯亮，断路器（开关）状态指示"0"〕
25	摇出1号真空泵断路器（开关）至"试验"位，检查1号真空泵断路器（开关）在试验位，一次侧插头绿灯亮
26	打开1号真空泵断路器（开关）控制柜门
27	断开1号真空泵断路器（开关）控制柜内直流电源空气断路器
28	断开1号真空泵断路器（开关）控制柜内交流电源空气断路器
29	关闭1号真空泵断路器（开关）控制柜门
30	检查1号真空泵开关柜所有指示灯及综保状态消失

序号	操作步骤
31	解除1号真空泵断路器（开关）本体柜防误闭锁锁具
32	打开1号真空泵断路器（开关）本体柜门
33	取下1号真空泵断路器（开关）二次侧插头
34	摇出1号真空泵机断路器（开关）至"检修"位
35	关闭1号真空泵断路器（开关）本体柜门
36	装上1号真空泵开关柜防误闭锁锁具
37	验明1号真空泵断路器（开关）下口三相无电压
38	合上1号真空泵断路器（开关）接地刀闸
39	检查1号真空泵断路器（开关）接地刀闸状态指示器在合闸位，检查1号真空泵接地刀闸三相均在合闸位
40	在1号真空泵开关柜门处挂"禁止合闸，有人工作"标示牌；在1号真空泵开关柜处设置遮栏
41	汇报值长，联系检修处理
42	汇报操作完毕

三十三、1号真空皮带脱水机跳闸

序号	操作步骤
1	光字牌发出"1号脱水机跳闸""1号真空泵跳闸"声光报警
2	DCS画面确认1号脱水机跳闸，1号真空泵跳闸
3	检查石膏分配箱至1号脱水机进料阀门是否连锁关闭，否则手动关闭
4	检查5号石膏排出泵再循环电动门联开正常
5	复位跳闸转机，无法恢复，在操作面板挂"禁操"
6	停止1号滤布冲洗水泵运行
7	检查2号脱水系统无检修，各设备DCS无报警，电源投用正常，外观正常，就地盘动正常，具备启动条件
8	就地检查真空泵排净门关闭，开启密封水、轴封水手动总门
9	就地开启真空泵密封水进水手动门
10	就地开启滤布冲洗水、皮带冲洗水、密封水、滚筒冲洗水等手动门

序号	操作步骤
11	就地开启皮带脱水机自动纠偏机构压缩空气手动门
12	就地检查滤布冲洗水箱排空门关闭，开启滤布冲洗水箱进水手动门
13	就地开启2号滤布冲洗水泵进、出口门
14	就地开启3号滤布冲洗水泵至2号滤布冲洗水泵联络手动门，关闭3号滤布冲洗水泵至1号滤布冲洗水泵联络手动门
15	启动2号滤布冲洗水泵，就地检查出口压力正常，喷嘴无堵塞，出水正常，将备用泵投连锁
16	检查调整2号皮带脱水机频率20%左右，启动2号真空皮带脱水机
17	开启2号真空泵密封水进口阀，启动真空泵，检查启动电流正常，就地检查振动、温度、声音正常
18	启动正常后检查滤布和皮带的对中情况，以及自动纠偏机构的动作情况良好
19	开启石膏分配箱至2号皮带脱水机电动阀
20	开启石膏排出泵再循环电动阀，启动1号石膏排出泵，检查电流、压力正常，关闭石膏排出泵再循环电动阀
21	根据滤饼厚度调整2号皮带脱水机频率，并查看真空度正常，投入滤饼冲洗水
22	汇报值长，联系检修处理
23	汇报操作完毕

三十四、废水旋流器给料箱搅拌器跳闸

序号	操作步骤
1	DCS光字牌发出"废水旋流器给料箱系统事故跳闸"声光报警
2	检查废水旋流器给料箱搅拌器确已停运，解除废水旋流器给料箱搅拌器连锁
3	复位跳闸转机，无法复位，在操作面板挂"禁操"
4	就地检查废水旋流器给料箱搅拌器电源开关柜无报警
5	停运石膏排出泵，关闭石膏排出泵出口阀，打开冲洗水阀，对泵体和入口管道冲洗，关闭石膏排出泵进口阀
6	开启石膏排出泵出口电动门，对石膏排出泵出口管道进行冲洗，冲洗完毕后关闭石膏排出泵冲洗水阀及出口电动门
7	开启石膏排出泵出口电动门，就地开启石膏排出泵排放阀，排空管道后关闭石膏排出泵排放阀及出口电动门

序号	操作步骤
8	停运真空泵
9	将真空皮带脱水机转速调至10%~20%额定转速，滤布冲洗干净，停运真空皮带脱水机
10	解除滤布冲洗水泵连锁，停运滤布滤饼冲洗水泵
11	停运废水旋流器给料泵，并冲洗泵及管道
12	隔绝废水旋流器给料箱所有来水，开启底部排放阀，排净积浆
13	排空期间密切监视滤液水箱液位，防止溢流
14	汇报值长，联系检修处理，将断路器（开关）至"冷备用"状态
15	汇报操作完毕

三十五、1号废水旋流器给料泵跳闸

序号	操作步骤
1	DCS光字牌发出"废水旋流器给料箱系统事故跳闸""1号废水旋流器给料泵跳闸"报警
2	翻阅DCS画面发现1号废水旋流器给料泵为跳闸状态
3	检查备用泵联启正常，否则手动启动
4	复位跳闸转机，无法恢复，在操作面板上挂"禁操"
5	就地检查1号废水旋流器给料泵电源开关柜无报警
6	检查1号废水旋流器给料泵出口门连锁关闭，开启冲洗水门，冲洗泵及入口管道，冲洗后关闭冲洗水门及入口门，开启排净门，排空后关闭，将1号废水旋流器给料泵断路器（开关）至"冷备用"状态
7	汇报值长，联系检修处理
8	汇报操作完毕

三十六、工艺水箱补水门门芯脱落

序号	操作步骤
1	DCS光字牌发出"工艺水箱液位低"声光报警
2	检查DCS画面，发现工艺水箱液位低，工艺水箱补水电动门在打开状态，流量为零

续表

序号	操作步骤
3	开启电厂化学中和水来水至工艺水箱手动门，检查工艺水补水流量仍为零
4	判断为工艺水箱补水电动门出现故障
5	就地打开电厂工业废水补水门
6	严密监视工艺水箱液位，减少用水，停运除雾器冲洗
7	逐步减少称重给料机给料量，最终停运称重给料机
8	确认湿式球磨机内物料明显减少，湿式球磨机电流已下降（电流减小1A左右）
9	将石灰石浆液箱2号电动推杆打至再循环箱位置，将1号电动推杆打至再循环箱位置，维持湿式球磨机再循环泵打循环
10	关闭湿式球磨机再循环箱补水调节门，关闭湿式球磨机补水调节阀
11	启动湿式球磨机高压油泵
12	DCS画面出现允许湿式球磨机停运信号，停运湿式球磨机，确认湿式球磨机完全静止
13	根据工艺水箱液位情况，必要时停运脱水系统
14	汇报值长，联系检修处理
15	汇报操作完毕

三十七、工艺水母管泄露

序号	操作步骤
1	DCS光字牌发出"工艺水泵出口压力低"声光报警信号，发出"真空皮带脱水机跳闸" "真空泵跳闸"声光报警信号
2	检查DCS画面，发现工艺水箱补水电动门已打开，工艺水箱液位下降较快
3	就地打开电厂工业废水补水门，增大工艺水箱补水
4	立即紧急启动3号工艺水泵
5	启动3号工艺水泵后，发现母管压力上升但仍较低，工艺水箱液位下降加快（教练员工艺水箱加速，液位下降）
6	检查事故喷淋等系统无新增用水点
7	判断为工艺水泵母管泄漏
8	严密监视各设备温度，保证设备正常运行

续表

序号	操作步骤
9	严密监视工艺水箱液位,减少用水,停运除雾器冲洗水
10	逐步减少称重给料机给料量,最终停运称重给料机
11	确认湿式球磨机内物料明显减少,湿式球磨机电流已下降(电流减小1A左右)
12	将石灰石浆液箱2号电动推杆打至再循环箱位置,将1号电动推杆打至再循环箱位置,维持湿式球磨机再循环泵打循环
13	关闭湿式球磨机再循环箱补水调节门,关闭湿式球磨机补水调节阀
14	启动湿式球磨机高压油泵
15	DCS画面出现允许湿式球磨机停运信号,停运湿式球磨机,确认湿式球磨机完全静止
16	停用脱水系统,关闭滤布滤饼冲洗水箱进水,关闭真空泵轴封水等
17	汇报值长,若短时无法处理,做好停机准备
18	汇报操作完毕

三十八、工艺水泵再循环门卡涩

序号	操作步骤
1	检查DCS画面,发现工艺水母管压力较低
2	检查DCS画面,发现工艺水再循环门显示"黄色",状态异常
3	确认工艺水泵再循环门故障
4	就地检查工艺水泵再循环门发现阀门未关到位,切换至"就地"关闭工艺水泵再循环门
5	检查工艺水泵母管压力逐步恢复正常,对工艺水泵再循环门挂"禁操",保证系统正常运行
6	汇报值长,联系检修处理
7	汇报操作完毕

三十九、1号工艺水泵跳闸

序号	操作步骤
1	DCS光字牌发出"1号工艺水泵跳闸"声光报警信号
2	检查DCS画面,发现1号工艺水泵跳闸

序号	操作步骤
3	3号工艺水泵连锁启动，否则手动启动
4	检查工艺水泵出口压力正常，3号工艺水泵运行正常
5	复位跳闸转机，无法复位，操作面板挂"禁操"，将断路器（开关）至"冷备用"状态
6	就地检查1号工艺水泵开关柜无报警
7	汇报值长，联系检修处理
8	汇报操作完毕

四十、1号工艺水泵空转

序号	操作步骤
1	DCS光字牌发出"工艺水泵出口压力低"声光报警信号
2	检查DCS画面，发现1号工艺水泵运行，出口压力低
3	立即紧急启动3号工艺水泵
4	工艺水母管压力正常
5	就地检查3号工艺水泵运行正常、温度、振动正常
6	判断为1号工艺水泵不出力
7	停运1号工艺水泵，在操作面板上挂"禁操"
8	汇报值长，联系检修处理
9	汇报操作完毕

四十一、1号工艺水泵入口堵塞

序号	操作步骤
1	DCS光字牌发出"工艺水泵出口压力低"声光报警信号
2	检查DCS画面，发现1号工艺水泵运行，出口压力低
3	立即紧急启动3号工艺水泵
4	工艺水母管压力正常

序号	操作步骤
5	就地检查3号工艺水泵运行正常、温度、振动正常
6	判断为1号工艺水泵不出力
7	停运1号工艺水泵，在操作面板上挂"禁操"
8	汇报值长，联系检修处理
9	汇报操作完毕

四十二、1号工艺水泵出口逆止阀卡涩

序号	操作步骤
1	DCS光字牌发出"工艺水泵出口压力低"声光报警信号
2	检查DCS画面，发现1号工艺水泵运行，出口压力低
3	检查DCS画面，发现工艺水箱液位缓慢上涨
4	启动3号工艺水泵
5	就地检查3号工艺水泵运行正常，温度、振动正常，工艺水母管压力仍较低；逐一关闭1号、2号工艺水泵出口阀
6	当关闭1号工艺水泵出口阀时，工艺水泵压力恢复正常，判断为1号工艺水泵出口逆止阀卡涩
7	停运1号工艺水泵，在操作面板上挂"禁操"
8	汇报值长，联系检修处理
9	汇报操作完毕

四十三、1号除雾器冲洗水泵联轴器脱开

序号	操作步骤
1	查看DCS画面1号除雾器冲洗水泵电流降至空载电流，出口压力突降，3号除雾器冲洗水泵连锁启动
2	判断1号除雾器冲洗水泵空转
3	检查DCS画面3号除雾器冲洗水泵连锁启动正常，若未连锁启动，需手动启动，检查电流、压力正常，就地检查振动、声音、温度正常
4	停运1号除雾器冲洗水泵，检查出口电动门连锁关闭正常，电流为零

序号	操作步骤
5	1号除雾器冲洗水泵挂"禁操"
6	汇报值长，联系检修处理
7	汇报操作完毕

四十四、1号石灰石仓下料管堵

序号	操作步骤
1	DCS画面发出"1号称重给料机断料"声光报警
2	DCS检查1号称重给料机运行正常，给料量为零
3	调整水量保证制浆密度正常
4	就地检查石灰石仓1号手动门误关
5	就地开启石灰石仓1号手动门
6	检查称重给料机下料情况，若无料则开启石灰石仓1号振打器
7	检查1号称重给料机料量逐渐恢复正常
8	停止石灰石仓1号振打器
9	根据制浆密度调整磨机补水和再循环箱补水
10	汇报操作完毕

四十五、1号称重给料机跳闸

序号	操作步骤
1	DCS光子牌发出"1号称重给料机跳闸"声光报警
2	复位跳闸转机，无法复位，在操作面板挂"禁操"
3	汇报值长，停止1号湿式球磨机系统，启动2号湿式球磨机系统
4	确认1号湿式球磨机电流已下降
5	通过调整湿式球磨机再循环箱补水调节门，使再循环箱液位正常，维持湿式球磨机再循环泵运行一段时间以再循环箱内浆液密度稀释为主
6	检查将石灰石浆液箱2号电动推杆打至再循环箱位置
7	启动1号湿式球磨机高压油泵，停运1号湿式球磨机

序号	操作步骤
8	关闭1号湿式球磨机补水调节阀
9	当再循环泵出口母管密度小于1350kg/m³时，关闭再循环箱补水电动门
10	停运并冲洗湿式球磨机再循环泵
11	停运湿式球磨机减速机油泵，确认减速机油泵停运正常
12	断开湿式球磨机喷射油系统接触器
13	停运湿式球磨机低压油泵
14	检查2号湿式球磨机无检修，设备已送电，DCS状态正常，具备启动条件
15	就地检查外观良好，油质、油位正常
16	就地检查开启湿式球磨机冷却水系统： 就地检查开启湿式球磨机系统冷却水进水手动总门、冷却水回水手动总门、选择开启（湿式球磨机冷却水回水至石灰石浆液箱手动门、湿式球磨机冷却水回水至工艺水箱手动门、湿式球磨机冷却水回水至再循环箱手动门）任一；开启前瓦冷却水进水手动门、后瓦冷却水进水手动门；检查开启减速机油站冷却器进水手动门、减速机油站冷却器回水手动门；检查开启高低压油站冷却器电动调节门进口手动门、高低压油站冷却器进水电动门、高低压油站冷却器电动调节门出口手动门
17	就地检查导通湿式球磨机油系统： 就地检查开启湿式球磨机系统低压油泵出口手动门、低压油泵过滤器检查开通一组；检查开启湿式球磨机1号高压油泵进口手动门、湿式球磨机1号高压油泵出口手动门、湿式球磨机2号高压油泵进口手动门、湿式球磨机2号高压油泵出口手动门；检查开启湿式球磨机高低压油站供油手动总门、湿式球磨机低压油1号供油手动门、湿式球磨机低压油2号供油手动门；检查开启减速机油站油过滤器出口手动门、减速机油站冷油器进油手动门、减速机油站冷油器出油手动门、减速机油站至减速机手动门；检查开启湿式球磨机齿轮喷射润滑油站空气压缩机电磁阀、湿式球磨机齿轮喷射润滑油站空气压缩机减压阀
18	就地检查开启湿式球磨机石灰石浆液系统手动阀： 检查开启湿式球磨机进水电动调节门进口手动门、湿式球磨机进水电动调节门出口手动门；检查开启湿式球磨机再循环箱进水电动调节门进口手动门、湿式球磨机再循环箱进水电动调节门出口手动门；检查开启湿式球磨机再循环石灰石浆液主路手动门、湿式球磨机再循环石灰石浆液密度计进口手动门、湿式球磨机再循环石灰石浆液密度计出口手动门；检查投运3支石灰石旋流器
19	启动湿式球磨机减速机油泵，检查振动、声音正常
20	检查湿式球磨机减速机油系统各管路畅通，无泄漏，回油正常
21	启动湿式球磨机喷射油泵，检查振动、声音正常
22	通过大小齿轮观察孔检查喷油均匀，喷头无堵塞
23	启动湿式球磨机低压油泵，观察出口压力，油压低信号消失，"油压正常"指示灯亮，振动、声音、湿式球磨机各瓦油流、回油正常
24	启动湿式球磨机高压油泵，确认高压油泵出口压力"油压正常"指示灯亮，振动、声音正常，并注意大轴顶起，油压释放

序号	操作步骤
25	检查湿式球磨机高/低压油系统各管路畅通，无泄漏，回油正常
26	通过前后瓦观察孔检查前后大瓦喷油均匀及大瓦油膜形成完整
27	将石灰石浆液分配箱1号电动推杆打至再循环箱位置，2号电动推杆打至再循环箱位置
28	检查启动湿式球磨机再循环箱搅拌器，正常后投入连锁
29	检查关闭再循环泵出口阀；开启再循环泵冲洗水阀；开启再循环泵进口阀；关闭再循环泵冲洗水阀；启动湿式球磨机再循环泵，检查再循环泵出口阀连锁开启，否则手动打开；检查再循环泵的出口压力正常及密度计无堵塞，泵体振动正常，且无异音，轴承温度温升正常
30	调整石灰石旋流器压力正常
31	调整研磨水流量合适
32	当DCS画面出现允许湿式球磨机启动信号时，启动湿式球磨机，检查电流、大瓦温升正常、振动、声音正常
33	延时启动称重给料机
34	检查称重给料机下料口是否堵塞，调整给料量
35	将石灰石浆液分配箱2号电动推杆推至磨机头
36	根据再循环出口母管密度调整水料比
37	再循环出口母管密度达到1350kg/m³以上时，将石灰石浆液分配箱1号电动推杆推至石灰石浆液箱，并投入连锁
38	现场观察湿式球磨机系统水路进水回水正常、油路的进油回油正常、油压油温正常、有无漏油漏浆现象
39	汇报值长，联系检修处理
40	汇报操作完毕

四十六、1号湿式球磨机低压油泵跳闸

序号	操作步骤
1	DCS光子牌发出"1号湿式球磨机稀油站低压供油口压力低""1号湿式球磨机低压油泵跳闸""1号湿式球磨机跳闸""1号称重给料机跳闸声光报警"
2	复位跳闸转机，无法复位，在操作面板上挂"禁操"
3	将石灰石浆液箱2号电动推杆推至再循环箱位置，石灰石浆液分配箱1号电动推杆推至石灰石浆液箱位置
4	关闭磨头补水电动门，关闭再循环箱补水电动门

序号	操作步骤
5	汇报值长，准备启动备用湿式球磨机
6	检查2号湿式球磨机无检修，设备已送电，DCS状态正常，具备启动条件
7	就地检查项目：外观检查良好；油质油位正常
8	就地检查开启湿式球磨机冷却水系统： 就地检查开启湿式球磨机系统冷却水进水手动总门、冷却水回水手动总门、选择开启（湿式球磨机冷却水回水至石灰石浆液箱手动门、湿式球磨机冷却水回水至工艺水箱手动门、湿式球磨机冷却水回水至再循环箱手动门）任一；开启前瓦冷却水进水手动门、后瓦冷却水进水手动门；检查开启减速机油站冷油器进水手动门、减速机油站冷油器回水手动门；检查开启高低压油站冷却器电动调节门进口手动门、高低压油站冷却器进水电动门、高低压油站冷却器电动调节门出口手动门
9	就地检查导通湿式球磨机油系统： 就地检查开启湿式球磨机系统低压油泵出口手动门、低压油泵过滤器检查开通一组；检查开启湿式球磨机1号高压油泵进口手动门、湿式球磨机1号高压油泵出口手动门、湿式球磨机2号高压油泵进口手动门、湿式球磨机2号高压油泵出口手动门；检查开启湿式球磨机高低压油站供油手动总门、湿式球磨机低压油1号供油手动门、湿式球磨机低压油2号供油手动门；检查开启减速机油站油过滤器出口手动门、减速机油站冷油器进油手动门、减速机油站冷油器出油手动门、减速机油站至减速机手动门；检查开启湿式球磨机齿轮喷射润滑油站空气压缩机电磁阀、湿式球磨机齿轮喷射润滑油站空气压缩机减压阀
10	就地检查开启湿式球磨机石灰石浆液系统手动阀： 检查开启湿式球磨机进水电动调节门进口手动门、湿式球磨机进水电动调节门出口手动门；检查开启湿式球磨机再循环箱进水电动调节门进口手动门、湿式球磨机再循环箱进水电动调节门出口手动门；检查开启湿式球磨机再循环石灰石浆液主路手动门、湿式球磨机再循环石灰石浆液密度计进口手动门、湿式球磨机再循环石灰石浆液密度计出口手动门；检查投运3支石灰石旋流器
11	启动湿式球磨机减速机油泵，检查振动、声音正常
12	检查湿式球磨机减速机油系统各管路畅通，无泄漏，回油正常
13	启动湿式球磨机喷射油泵，检查振动、声音正常
14	通过大小齿轮观察孔检查喷油均匀，喷头无堵塞
15	启动湿式球磨机低压油泵，观察出口压力，油压低信号消失，"油压正常"指示灯亮，振动、声音、湿式球磨机各瓦油流、回油正常
16	启动湿式球磨机高压油泵，确认高压油泵出口压力"油压正常"指示灯亮，振动、声音正常，并注意大轴顶起，油压释放
17	检查湿式球磨机高/低压油系统各管路畅通，无泄漏，回油正常
18	通过前后瓦观察孔检查前后大瓦喷油均匀及大瓦油膜形成完整
19	将石灰石浆液分配箱1号电动推杆打至再循环箱位置，2号电动推杆打至再循环箱位置
20	检查启动湿式球磨机再循环箱搅拌器，正常后投入连锁

续表

序号	操作步骤
21	检查关闭再循环泵出口阀；开启再循环泵冲洗水阀；开启再循环泵进口阀；关闭再循环泵冲洗水阀；启动湿式球磨机再循环泵，检查再循环泵出口阀连锁开启，否则手动打开；检查再循环泵的出口压力正常及密度计无堵塞；泵体振动正常，且无异响，轴承温度温升正常
22	调整石灰石旋流器压力正常
23	调整研磨水流量合适
24	当DCS画面出现允许湿式球磨机启动信号时，启动湿式球磨机，检查电流、大瓦温升正常、振动、声音正常
25	延时启动称重给料机
26	检查称重给料机下料口是否堵塞，调整给料量
27	将石灰石浆液分配箱2号电动推杆推至磨机头
28	根据再循环出口母管密度调整水料比
29	再循环出口母管密度达到1350kg/m³以上时，将石灰石浆液分配箱1号电动推杆推至石灰石浆液箱，并投入连锁
30	现场观察湿式球磨机系统水路进水回水正常、油路的进油回油正常、油压油温正常、有无漏油、漏浆现象
31	停止1号湿式球磨机减速机油泵、喷射油系统、再循环系统运行
32	汇报值长，联系检修处理
33	汇报操作完毕

四十七、1号湿式球磨机润滑油滤网全堵

序号	操作步骤
1	DCS发出"1号湿式球磨机稀油站油压小于0.05MPa"声光报警
2	DCS检查1号湿式球磨机稀油站双筒过滤器进出油压差大，低压供油压力持续下降
3	判断为1号湿式球磨机低压油泵过滤器堵塞
4	立即就地将1号湿式球磨机低压油泵过滤器进口三通阀由B侧开切换为A侧开
5	DCS检查1号湿式球磨机稀油站双筒过滤器进出油压差大报警仍在，判断为2号湿式球磨机润滑油滤网全堵
6	就地开启1号湿式球磨机滤网旁路手动门
7	DCS检查润滑油压正常，报警消失
8	汇报值长，联系检修进行处理
9	汇报操作完毕

四十八、1号湿式球磨机电气故障

序号	操作步骤
1	DCS光子牌发出"1号湿式球磨机跳闸""1号称重给料机跳闸"声光报警
2	复位跳闸转机,无法复位,在操作面板挂"禁操"
3	将石灰石浆液箱2号电动推杆推至再循环箱位置,石灰石浆液分配箱1号电动推杆推至再循环箱位置
4	关闭磨头补水电动门,关闭再循环箱补水电动门
5	汇报值长,准备启动备用湿式球磨机
6	检查2号湿式球磨机无检修,设备已送电,DCS状态正常,具备启动条件
7	就地外观检查良好;油质油位正常
8	就地检查开启湿式球磨机冷却水系统: 就地检查开启湿式球磨机系统冷却水进水手动总门、冷却水回水手动总门、选择开启(湿式球磨机冷却水回水至石灰石浆液箱手动门、湿式球磨机冷却水回水至工艺水箱手动门、湿式球磨机冷却水回水至再循环箱手动门)任一;开启前瓦冷却水进水手动门、后瓦冷却水进水手动门;检查开启减速机油站冷油器进水手动门、减速机油站冷油器回水手动门;检查开启高低压油站冷却器电动调节门进口手动门、高低压油站冷却器进水电动门、高低压油站冷却器电动调节门出口手动门
9	就地检查导通湿式球磨机油系统: 就地检查开启湿式球磨机系统低压油泵出口手动门、低压油泵过滤器检查开通一组;检查开启湿式球磨机1号高压油泵进口手动门、湿式球磨机1号高压油泵出口手动门、湿式球磨机2号高压油泵进口手动门、湿式球磨机2号高压油泵出口手动门;检查开启湿式球磨机高低压油站供油手动总门、湿式球磨机低压油1号供油手动门、湿式球磨机低压油2号供油手动门;检查开启减速机油站油过滤器出口手动门、减速机油站冷油器进油手动门、减速机油站冷油器出油手动门、减速机油站至减速机手动门;检查开启湿式球磨机齿轮喷射润滑油站空气压缩机电磁阀、湿式球磨机齿轮喷射润滑油站空气压缩机减压阀
10	就地检查开启湿式球磨机石灰石浆液系统手动阀: 检查开启湿式球磨机进水电动调节门进口手动门、湿式球磨机进水电动调节门出口手动门;检查开启湿式球磨机再循环箱进水电动调节门进口手动门、湿式球磨机再循环箱进水电动调节门出口手动门;检查开启湿式球磨机再循环石灰石浆液主路手动门、湿式球磨机再循环石灰石浆液密度计进口手动门、湿式球磨机再循环石灰石浆液密度计出口手动门;检查投运3支石灰石旋流器
11	启动湿式球磨机减速机油泵,检查振动、声音正常
12	检查湿式球磨机减速机油系统各管路畅通,无泄漏,回油正常
13	启动湿式球磨机喷射油泵,检查振动、声音正常
14	通过大小齿轮观察孔检查喷油均匀,喷头无堵塞
15	启动湿式球磨机低压油泵,观察出口压力,油压低信号消失,"油压正常"指示灯亮,振动、声音、湿式球磨机各瓦油流、回油正常

序号	操作步骤
16	启动湿式球磨机高压油泵，确认高压油泵出口压力"油压正常"指示灯亮，振动、声音正常，并注意大轴顶起，油压释放
17	检查湿式球磨机高/低压油系统各管路畅通，无泄漏，回油正常
18	通过前后瓦观察孔检查前后大瓦喷油均匀及大瓦油膜形成完整
19	执行石灰石浆液分配箱1号电动推杆打至再循环箱位置，2号电动推杆打至再循环箱位置
20	检查启动湿式球磨机再循环箱搅拌器，正常后投入连锁
21	检查关闭再循环泵出口阀；开启再循环泵冲洗水阀；开启再循环泵进口阀；关闭再循环泵冲洗水阀；启动湿式球磨机再循环泵，检查再循环泵出口阀连锁开启，否则手动打开；检查再循环泵的出口压力正常及密度计无堵塞；泵体振动正常，且无异响，轴承温度温升正常
22	调整石灰石旋流器压力正常
23	调整研磨水流量合适
24	当DCS画面出现允许湿式球磨机启动信号时，启动湿式球磨机，检查电流、大瓦温升正常、振动、声音正常
25	延时启动称重给料机
26	检查称重给料机下料口是否堵塞，调整给料量
27	将石灰石浆液分配箱2号电动推杆推至磨机头
28	根据再循环出口母管密度调整水料比
29	再循环出口母管密度达到1350kg/m³以上时，将石灰石浆液分配箱1号电动推杆推至石灰石浆液箱，并投入连锁
30	现场观察湿式球磨机系统水路进水回水正常，油路的进油回油正常，油压油温正常，无漏油、漏浆现象
31	就地核对1号湿式球磨机断路器（开关）双重编号正确无误
32	就地检查1号湿式球磨机电源断路器（开关）发"速断"报警信号
33	将1号湿式球磨机断路器（开关）由"热备用"转"检修"
34	检查1号湿式球磨机电机DCS运行状态在停备，电流为零
35	切1号湿式球磨机断路器（开关）"就地/远方"切换旋钮至"就地"位
36	检查1号湿式球磨机断路器（开关）在"分闸"位［就地接线图断路器（开关）绿灯亮，分闸指示灯亮，断路器（开关）状态指示"0"］
37	摇出1号湿式球磨机断路器（开关）至"试验"位，检查1号湿式球磨机断路器（开关）在"试验"位，一次侧插头绿灯亮
38	打开1号湿式球磨机断路器（开关）控制柜门

序号	操作步骤
39	断开1号湿式球磨机断路器（开关）控制柜内直流电源空气断路器
40	断开1号湿式球磨机断路器（开关）控制柜内交流电源空气断路器
41	关闭1号湿式球磨机断路器（开关）控制柜门
42	检查1号湿式球磨机开关柜所有指示灯及综保状态消失
43	解除1号湿式球磨机断路器（开关）本体柜防误闭锁锁具
44	打开1号湿式球磨机断路器（开关）本体柜门
45	取下1号湿式球磨机断路器（开关）二次插头
46	摇出1号湿式球磨机手车式断路器（开关）至"检修"位
47	关闭1号湿式球磨机断路器（开关）本体柜门
48	装上1号湿式球磨机开关柜防误闭锁锁具
49	合上1号湿式球磨机断路器（开关）接地刀闸
50	检查1号湿式球磨机断路器（开关）接地刀闸状态指示器在合闸位，检查1号湿式球磨机断路器（开关）接地刀闸三相均在合闸位
51	在1号湿式球磨机开关柜门上挂"禁止合闸，有人工作"，在1号湿式球磨机断路器（开关）柜处设置遮栏
52	停止1号湿式球磨机减速机油泵、喷射油系统，再循环系统运行
53	汇报值长，联系检修处理
54	汇报操作完毕

四十九、1号湿式球磨机积料

序号	操作步骤
1	DCS画面发现1号湿式球磨机电流上升，明显大于正常运行电流
2	检查湿式球磨机磨头补水调节阀开度与反馈一致，流量下降为零
3	判断1号湿式球磨机积料
4	降低给料量，停运1号称重给料机
5	将1号湿式球磨机石灰石浆液箱2号电动推杆打至再循环箱位置
6	全开1号湿式球磨机磨头补水调节门
7	调整再循环箱补水调节阀，维持1号湿式球磨机运行

序号	操作步骤
8	检查1号湿式球磨机电流恢复正常
9	启动1号称重皮带给料机，逐步恢复给料至正常
10	调整料水比，检查1号湿式球磨机运行正常
11	汇报操作完毕

五十、1号湿式球磨机入口堵料

序号	操作步骤
1	DCS画面发现1号湿式球磨机电流低于正常电流，制浆密度下降
2	判断为1号湿式球磨机入口堵料
3	降低给料量，停运1号称重给料机
4	将1号湿式球磨机石灰石浆液箱2号电动推杆打至再循环箱位置
5	调整再循环箱补水调节阀，维持1号湿式球磨机运行
6	联系检修，就地检查并捶打1号湿式球磨机落料管（汇报后撤销故障）
7	检查故障已消除，空载启动1号称重皮带给料机，逐步恢复给料量
8	调整水料比，恢复1号湿式球磨机正常运行
9	汇报操作完毕

五十一、1号石灰石旋流器堵

序号	操作步骤
1	翻阅DCS画面发现1号湿式球磨机石灰石旋流器压力报警
2	检查相关参数发现1号湿式球磨机再循环泵电流下降，出口压力升高
3	判断为石灰石旋流器堵塞
4	就地开启1号湿式球磨机石灰石旋流器备用旋流子，直至旋流器压力恢复正常
5	逐一关闭原运行旋流子，查看石灰石旋流器压力变化情况，确定1号旋流子堵塞
6	将堵塞旋流子进行隔离
7	联系检修处理
8	汇报操作完毕

五十二、1号湿式球磨机再循环箱搅拌器跳闸

序号	操作步骤
1	DCS光字牌发出"1号湿式球磨机再循环箱搅拌器跳闸"声光报警信号
2	检查DCS画面1号湿式球磨机再循环箱搅拌器跳闸,制浆密度上升
3	复位跳闸转机,无法复位,在操作面板上挂"禁操"
4	汇报值长,准备停运1号湿式球磨机,启动2号湿式球磨机
5	将称重皮带给料机给料量降为零,停止称重皮带给料机
6	将磨头补水降为零,将再循环箱补水降为零
7	启动1号湿式球磨机高压油泵,停运1号湿式球磨机
8	停止1A湿式球磨机再循环泵,并对泵及入口管道进行冲洗,冲洗后排净
9	检查2号湿式球磨机无检修,设备已送电,DCS状态正常,具备启动条件
10	就地检查2号湿式球磨机外观检查良好,油质油位正常
11	就地检查开启湿式球磨机冷却水系统: 就地检查开启湿式球磨机系统冷却水进水手动总门、冷却水回水手动总门、选择开启(湿式球磨机冷却水回水至石灰石浆液箱手动门、湿式球磨机冷却水回水至工艺水箱手动门、湿式球磨机冷却水回水至再循环箱手动门)任一;开前瓦冷却水进水手动门、后瓦冷却水进水手动门;检查开启减速机油站冷油进水手动门、减速机油站冷油器回水手动门;检查开启高低压油站冷却器电动调节门进口手动门、高低压油站冷却器进水电动门、高低压油站冷却器电动调节门出口手动门
12	就地检查导通湿式球磨机油系统: 就地检查开启湿式球磨机系统低压油泵出口手动门、低压油泵过滤器检查开通一组;检查开启湿式球磨机1号高压油泵进口手动门、湿式球磨机1号高压油泵出口手动门、湿式球磨机2号高压油泵进口手动门、湿式球磨机2号高压油泵出口手动门;检查开启湿式球磨机高低压油站供油手动总门、湿式球磨机低压油1号供油手动门、湿式球磨机低压油2号供油手动门;检查开启减速机油站油过滤器出口手动门、减速机油站冷油器进油手动门、减速机油站冷油器出油手动门、减速机油站至减速机手动门;检查开启湿式球磨机齿轮喷射润滑油站空气压缩机电磁阀、湿式球磨机齿轮喷射润滑油站空气压缩机减压阀
13	就地检查开启湿式球磨机石灰石浆液系统手动阀: 检查开启湿式球磨机进水电动调节门进口手动门、湿式球磨机进水电动调节门出口手动门;检查开启湿式球磨机再循环箱进水电动调节门进口手动门、湿式球磨机再循环箱进水电动调节门出口手动门;检查开启湿式球磨机再循环石灰石浆液主路手动门、湿式球磨机再循环石灰石浆液密度计进口手动门、湿式球磨机再循环石灰石浆液密度计出口手动门;检查投运3支石灰石旋流器
14	启动湿式球磨机减速机油泵,检查振动、声音正常
15	检查湿式球磨机减速机油系统各管路畅通,无泄漏,回油正常

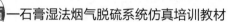

序号	操作步骤
16	启动湿式球磨机喷射油泵，检查振动、声音正常
17	通过大小齿轮观察孔检查喷油均匀，喷头无堵塞
18	启动湿式球磨机低压油泵，观察出口压力，油压低信号消失，"油压正常"指示灯亮，振动、声音、湿式球磨机各瓦油流、回油正常
19	启动湿式球磨机高压油泵，确认高压油泵出口压力"油压正常"指示灯亮，振动、声音正常，并注意大轴顶起，油压释放
20	检查湿式球磨机高/低压油系统各管路畅通，无泄漏，回油正常
21	通过前后瓦观察孔检查前后大瓦喷油均匀及大瓦油膜形成完整
22	执行石灰石浆液分配箱1号电动推杆打至再循环箱位置，2号电动推杆打至再循环箱位置
23	检查启动湿式球磨机再循环箱搅拌器，正常后投入连锁
24	检查关闭再循环泵出口阀；开启再循环泵冲洗水阀；开启再循环泵进口阀；关闭再循环泵冲洗水阀；启动湿式球磨机再循环泵，检查再循环泵出口阀连锁开启，否则手动打开；检查再循环泵的出口压力正常及密度计无堵塞，泵体振动正常，且无异响，轴承温度温升正常
25	调整石灰石旋流器压力正常
26	调整研磨水流量合适
27	当DCS画面出现允许湿式球磨机启动信号时，启动湿式球磨机，检查电流、大瓦温升正常、振动、声音正常
28	延时启动称重给料机
29	检查称重给料机下料口是否堵塞，调整给料量
30	将石灰石浆液分配箱2号电动推杆推至磨机头
31	根据再循环出口母管密度调整水料比
32	再循环出口母管密度达到1350kg/m³以上时，将石灰石浆液分配箱1号电动推杆推至石灰石浆液箱，并投入连锁
33	现场观察湿式球磨机系统水路进水回水正常、油路的进油回油正常、油压油温正常、有无漏油、漏浆现象
34	开启1号湿式球磨机再循环箱底部排空门排空浆液
35	汇报值长，联系检修处理
36	汇报操作完毕

五十三、供浆调节阀自关（就地也无法操作）

序号	操作步骤
1	DCS光字牌发出"5号吸收塔石灰石浆液调节门故障"报警
2	检查DCS画面供浆流量为零，出口SO_2上升，pH值下降
3	检查DCS画面，5A石灰石浆泵电流下降，母管压力升高；
4	远方开启5号吸收塔石灰石浆液调节门，检查指令有输出，反馈为零
5	就地开启5号吸收塔石灰石浆液调节门，供浆流量为零
6	正确判断5号吸收塔石灰石浆液调节门故障
7	就地开启5号吸收塔石灰石浆液旁路手动门，根据吸收塔工况调节手动阀门开度
8	关闭5号吸收塔石灰石浆液调节门进口、出口手动门
9	汇报值长，联系检修处理
10	汇报操作完毕

五十四、石灰石浆液箱搅拌器联轴器螺栓脱落

序号	操作步骤
1	查看DCS画面5A石灰石浆液泵电流增大、石灰石浆液箱搅拌器电流降低、供浆密度增大
2	判断石灰石浆液箱搅拌器故障
3	解除石灰石浆液箱搅拌器连锁，停止石灰石浆液箱搅拌器，挂"禁操"
4	根据出口SO_2参数，启动备用浆液循环泵
5	启动备用浆液循环泵，检查备用浆液循环泵无检修，启动条件满足
6	检查DCS画面备用浆液循环泵、减速机油泵及电动门状态正常，已受电，无异常报警
7	就地检查备用浆液循环泵外观良好，轴封水投入，回水正常，泵轴承室油位正常，减速机油位正常
8	启动备用浆液循环泵减速机油泵，检查油压低信号消失，就地检查无漏油现象
9	确认备用浆液循环泵冲洗电动门在关闭位置
10	确认备用浆液循环泵排净电动门在关闭位置
11	打开备用浆液循环泵进口电动门
12	汇报值长，启动备用浆液循环泵，电流返回正常

序号	操作步骤
13	启动后就地测量浆液循环泵、减速机及电机振动、温度、声音正常
14	DCS画面观察浆液循环泵电机轴承温度、电机定子温度、泵轴承温度正常
15	停运5A石灰石浆液泵，对出入口管道及泵体进行冲洗
16	就地检查备用石灰石浆液箱排净手动门已关闭
17	就地开启石灰石旋流器溢流至备用石灰石浆液箱回流手动门
18	就地关闭石灰石旋流器溢流至石灰石浆液箱回流手动门
19	检查备用石灰石浆液箱液位上升
20	待备用石灰石浆液箱液位涨至1m后，启动备用石灰石浆液箱搅拌器
21	检查运行电流正常、就地检查温度、声音、振动正常
22	导通备用石灰石浆液箱至5A石灰石浆液泵管道
23	就地开启备用石灰石浆液箱出口手动门
24	就地开启备用石灰石浆液箱至5号石灰石浆液泵手动总门
25	就地开启备用石灰石浆液箱至5A石灰石浆液泵手动门
26	联系热工强制5A石灰石浆液泵启动条件，启动石灰石浆液泵
27	检查5A石灰石浆液泵运行电流、压力、密度等正常
28	恢复供浆系统运行
29	开启石灰石浆液箱排净手动门，调节开度，防止脱水间地坑溢流，对故障石灰石浆液箱进行冲洗、排空，联系检修人员抢修
30	根据出口SO_2排放浓度，调整运行方式
31	汇报值长，联系检修处理
32	汇报操作完毕

五十五、吸收塔供浆母管流量计后泄漏

序号	操作步骤
1	检查发现石灰石浆液泵电流增大，供浆母管出口压力降低，供浆流量异常增大
2	调节石灰石浆液调节门开度，流量变大，石灰石浆液泵电流升高，压力降低
3	DCS画面显示"出口SO_2超标"光字牌报警
4	判断吸收塔供浆母管流量计后泄漏

续表

序号	操作步骤
5	启动备用浆液循环泵，检查备用浆液循环泵无检修，启动条件满足
6	检查DCS画面备用浆液循环泵、减速机油泵及电动门状态正常，已受电，无异常报警
7	就地检查备用浆液循环泵外观良好，轴封水投入，回水正常，泵轴承室油位正常，减速机油位正常
8	启动备用浆液循环泵减速机油泵，检查油压低信号消失，就地检查无漏油现象
9	确认备用浆液循环泵冲洗电动门在关闭位置
10	确认备用浆液循环泵排净电动门在关闭位置
11	打开备用浆液循环泵进口电动门
12	汇报值长，启动备用浆液循环泵，电流返回正常
13	启动后就地测量备用浆液循环泵、减速机及电机振动、温度、声音正常
14	DCS画面观察备用浆液循环泵电机轴承温度、电机定子温度、泵轴承温度正常
15	检查出口SO_2下降至合格范围；停运5A石灰石浆液泵，并对泵体及管道进行冲洗
16	将5A、5B石灰石浆液泵DCS画面挂"禁操"
17	安排人员就地向吸收塔排水坑添加石灰石粉，确认吸收塔排水坑泵已运行，调整吸收塔pH值及排放SO_2在正常范围
18	汇报值长，联系检修处理
19	汇报操作完毕

五十六、吸收塔供浆泵A电气跳闸

序号	操作步骤
1	DCS光字牌发出"5A石灰石浆液泵跳闸""石灰石浆液系统事故跳闸"声光报警
2	检查5A石灰石浆液泵停运状态，电流为零
3	检查关闭5A石灰石浆液泵出口门
4	检查5B石灰石浆液泵无检修，DCS状态正常，无报警
5	就地检查外观正常，盘动正常，具备启动条件
6	冲洗5B石灰石浆液泵泵体及入口管道
7	冲洗后启动5B石灰石浆液泵，观察启动电流返回正常
8	检查5B石灰石浆液泵出口电动门连锁开启，观察运行电流正常，出口压力正常

续表

序号	操作步骤
9	就地测量5B石灰石浆液泵振动正常，无异音，温升、温度正常
10	加强供浆，出口SO_2降低至合格范围内
11	复位跳闸转机，无法复位，操作面板挂"禁操"
12	对5A石灰石浆液泵及入口管道进行冲洗
13	冲洗后打开5A石灰石浆液泵排净门，排净后关闭
14	就地开关柜检查5A石灰石浆液泵"速断"报警
15	切5A石灰石浆液泵就地远方选择把手至"就地"位
16	复位5A石灰石浆液泵断路器（开关）把手，检查5A石灰石浆液泵断路器（开关）把手在分闸位
17	将5A石灰石浆液泵断路器（开关）闭锁把手旋转至试验位
18	将5A石灰石浆液泵断路器（开关）闭锁把手旋转至"移动"位
19	拉出5A石灰石浆液泵断路器（开关）抽屉柜
20	将5A石灰石浆液泵断路器（开关）闭锁把手旋转至"抽出闭锁"位
21	在5A石灰石浆液泵断路器（开关）闭锁把手挂"禁止合闸，有人工作"指示牌
22	汇报值长，联系检修处理
23	汇报操作完毕

五十七、供浆管路堵塞无法恢复

序号	操作步骤
1	检查发现出口SO_2上升较快，供浆流量异常降低至零，吸收塔pH值降低
2	查阅曲线，供浆母管压力上升，供浆密度上涨，石灰石浆液泵电流下降
3	DCS画面显示"出口SO_2超标"光字牌报警
4	调整石灰石浆液泵流量调节阀，仍无流量
5	判断吸收塔供浆母管堵塞
6	启动备用浆液循环泵，检查备用浆液循环泵无检修，启动条件满足
7	检查DCS画面备用浆液循环泵、减速机油泵及电动门状态正常，已受电，无异常报警
8	就地检查备用浆液循环泵外观良好，轴封水投入，回水正常，泵轴承室油位正常，减速机油位正常
9	启动备用浆液循环泵减速机油泵，检查油压低信号消失，就地检查无漏油现象

序号	操作步骤
10	确认备用浆液循环泵冲洗电动门在关闭位置
11	确认备用浆液循环泵排净电动门在关闭位置
12	打开备用浆液循环泵进口电动门
13	汇报值长，启动备用浆液循环泵，电流返回正常
14	启动后就地测量备用浆液循环泵、减速机及电机振动、温度、声音正常
15	DCS画面观察备用浆液循环泵电机轴承温度、电机定子温度、泵轴承温度正常
16	检查出口SO_2下降至合格范围
17	对供浆母管进行冲洗，无流量
18	安排人员就地向吸收塔排水坑添加石灰石粉，确认吸收塔排水坑泵已运行
19	汇报值长，联系检修处理
20	汇报操作完毕

五十八、石灰石浆液箱搅拌器跳闸

序号	操作步骤
1	DCS光字牌发出"石灰石浆液系统跳闸"声光报警
2	DCS检查石灰石浆液箱搅拌器跳闸电流为零，退出石浆液箱搅拌器连锁
3	检查吸收塔供浆密度上涨，石灰石浆液泵电流上升
4	复位跳闸转机，无法复位，在操作面板上挂"禁操"
5	检查备用浆液循环泵无检修，启动条件满足
6	检查DCS画面备用浆液循环泵、减速机油泵及电动门状态正常，已受电，无异常报警
7	就地检查备用浆液循环泵外观良好，轴封水投入，回水正常，泵轴承室油位正常，减速机油位正常
8	启动备用浆液循环泵减速机油泵，检查油压低信号消失，就地检查无漏油现象
9	确认备用浆液循环泵冲洗电动门在关闭位置
10	确认备用浆液循环泵排净电动门在关闭位置
11	打开备用浆液循环泵进口电动门
12	汇报值长，启动备用浆液循环泵，电流返回正常

序号	操作步骤
13	启动后就地测量备用浆液循环泵、减速机及电机振动、温度、声音正常
14	DCS画面观察备用浆液循环泵电机轴承温度、电机定子温度、泵轴承温度正常
15	停运5A石灰石浆液泵，对出入口管道及泵体进行冲洗
16	就地检查备用石灰石浆液箱排净手动门已关闭
17	就地开启石灰石旋流器溢流至备用石灰石浆液箱回流手动门
18	就地关闭石灰石旋流器溢流至石灰石浆液箱回流手动门
19	检查备用石灰石浆液箱液位上升
20	待备用石灰石浆液箱液位涨至1m后，启动备用石灰石浆液箱搅拌器
21	检查运行电流正常、就地检查温度、声音、振动正常
22	导通备用石灰石浆液箱至5A石灰石浆液泵管道
23	就地开启备用石灰石浆液箱出口手动门
24	就地开启备用石灰石浆液箱至5A石灰石浆液泵手动总门
25	就地开启备用石灰石浆液箱至5A石灰石浆液泵手动门
26	联系热工强制5A石灰石浆液泵启动条件，启动石灰石浆液泵
27	检查5A石灰石浆液泵运行电流、压力、密度等正常
28	恢复供浆系统运行
29	开启石灰石浆液箱排净手动门，调节开度，防止脱水间地坑溢流，对故障石灰石浆液箱进行冲洗、排空，联系检修人员抢修
30	根据出口SO$_2$排放浓度，调整运行方式
31	汇报值长，联系检修处理
32	汇报操作完毕

五十九、吸收塔地坑泵 A 跳闸

序号	操作步骤
1	DCS光字牌发出"5号吸收塔排水坑系统事故跳闸""5A吸收塔排水坑泵跳闸"报警信号
2	翻阅DCS画面发现5A吸收塔排水坑泵电流为0A，状态为跳闸状态
3	复位跳闸转机，无法复位，操作面板挂"禁操"

续表

序号	操作步骤
4	就地检查5A吸收塔排水坑泵开关柜无报警
5	解除5A吸收塔排水坑泵顺控连锁，复位顺控启、停程序
6	冲洗5A吸收塔排水坑泵管道
7	冲洗期间，注意排水坑液位
8	解除5B吸收塔排水坑泵顺控连锁
9	检查关闭5B吸收塔排水坑泵出口阀
10	检查关闭5B吸收塔排水坑泵冲洗水阀
11	开启5B吸收塔排水坑泵自吸罐补水阀
12	启动5B吸收塔排水坑泵，检查出口门连锁开启，否则手动开启
13	关闭5B吸收塔排水坑泵自吸罐补水阀
14	将5A吸收塔排水坑泵自吸罐排净手动门打开，排空后关闭
15	将5A吸收塔排水坑泵断路器（开关）至"冷备用"状态，做好单泵事故预想
16	汇报值长，联系检修处理
17	汇报操作完毕

六十、废水系统1号碱计量泵出力低

序号	操作步骤
1	DCS光字牌发出"中和箱pH低"声光报警信号
2	检查DCS画面，发现1号碱计量泵频率在80%
3	将1号碱计量泵频率调整为100%
4	检查中和箱pH值仍下降
5	停运1号碱计量泵，关闭进、出口手动门
6	检查2号碱计量泵无检修，DCS状态正常，已送电，无报警
7	就地检查2号碱计量泵各部良好，盘动正常，具备启动条件
8	打开2号碱计量泵进、出口手动门，启动2号碱计量泵
9	就地检查2号碱计量泵运行正常，振动正常，无异声

续表

序号	操作步骤
10	检查中和箱pH值恢复正常
11	汇报值长，联系检修处理
12	汇报操作完毕

第四节 电气单点故障试题

一、脱硫PC A段母线电压互感器C相高压侧保险熔断

序号	操作步骤
1	检查DCS画面"电压回路断线"报警信号及断路器（开关）状态，判断电压互感器高压回路断线故障，汇报值长
2	退出脱硫PC A段母线低电压保护
3	拉开脱硫PC A段电压互感器柜内直流电源空气断路器
4	依次拉开脱硫PC A段电压互感器A、B、C相二次侧空气断路器
5	拉开脱硫PC A段电压互感器断路器（开关）
6	取下电压互感器三相一次侧保险
7	测量三相一次侧保险直流阻值，判断保险熔断
8	测量电压互感器绝缘合格
9	更换电压互感器熔断相保险
10	合上脱硫PC A段电压互感器断路器（开关）
11	依次合上脱硫PC A段电压互感器A、B、C相二次侧空气断路器
12	检查脱硫PC A母线电压指示正常
13	合上脱硫PC A段母线低电压保护直流断路器（开关）
14	投入脱硫PC A段母线低电压保护
15	汇报值长

二、脱硫 PC A 段母线电压互感器 C 相二次侧空气断路器跳闸

序号	操作步骤
1	检查报警信号及断路器（开关）状态，检查脱硫PC A段母线电压指示情况，分析判断故障原因，汇报值长
2	退出脱硫PC A段母线低电压保护
3	拉开脱硫PC A段母线低电压保护直流空气断路器
4	检查电压互感器C相二次侧空气断路器跳闸
5	检查该电压互感器二次回路，分析跳闸原因
6	检查无异常后合上C相二次侧空气断路器；若合后又跳闸，则严禁再次合闸，应按照电压互感器停用步骤停用检查
7	合上脱硫PC A段母线低电压保护直流空气断路器
8	投入脱硫PC A段母线低电压保护
9	检查母线电压指示正常
10	汇报值长，脱硫PC A段母线电压互感器C相二次侧空气断路器跳闸已处理正常

三、脱硫 PC A 段母线至脱硫公用 MCC 段出线 4 硫 53 断路器（开关）下口电缆单相接地故障，保护正确动作

序号	操作步骤
1	检查各报警信号及断路器（开关）状态、电流、电压表计指示，分析判断故障原因，［4硫53断路器（开关）跳闸，4硫55断路器（开关）红灯亮，判断故障点在两断路器（开关）之间位置］确定故障类型，汇报值长
2	检查脱硫公用MCC段母线失压，脱硫公用MCCB段母线对应的380V负荷失电跳闸，相对应辅机连锁启动，复位跳闸辅机
3	检查DCS烟气系统出口SO$_2$浓度已接近35mg/Nm^3，检查浆液循环泵电源正常，开启A浆液循环泵运行
4	检查A、B石灰石浆液泵电源均失电，汇报值长，申请立即降低机组负荷
5	就地检查4硫53断路器（开关）跳闸，断路器（开关）下口电缆单相接地故障，"电流速断保护"动作报警
6	就地拉开4硫55断路器（开关）
7	将4硫55断路器（开关）由"热备用"转"冷备用"： 检查4硫55断路器（开关）在"分闸"状态［检查分闸指示灯亮，检查断路器（开关）状态指示"0"］。 （1）按下4硫55断路器（开关）"机械闭锁销子"； （2）摇出4硫55断路器（开关）手车至"试验"位，检查手车位置指示器在"试验"位； （3）拉开4硫55开关柜内控制电源断路器（开关）

序号	操作步骤
8	全面检查脱硫公用MCC段母线及各路负荷无异常
9	（就地按下合闸按钮）合上4硫56断路器（开关）
10	检查脱硫公用MCC段母线电压恢复正常，检查4硫54断路器（开关）电流正常
11	全面检查并恢复脱硫公用MCC段的各路负荷至事故前状态
12	将4硫55断路器（开关）由"冷备用"转"检修"： （1）按下4硫55断路器（开关）"机械闭锁销子"； （2）摇出4硫55断路器（开关）手车至"检修"位，检查手车位置指示器在"检修"位，悬挂标示牌
13	将4硫53断路器（开关）由"热备用"转"检修"： （1）检查4硫53断路器（开关）在"分闸"状态［检查电流为零，分闸指示灯亮，检查断路器（开关）状态指示"0"］； （2）切4硫53断路器（开关）"就地/远方"切换旋钮至"就地"位（"开关柜"位置）； （3）按下4硫53断路器（开关）"机械闭锁销子"； （4）摇出4硫53断路器（开关）手车至"试验"位，检查手车位置指示器在"试验"位； （5）拉开4硫53开关柜内控制电源断路器（开关）； （6）按下4硫53断路器（开关）"机械闭锁销子"； （7）摇出4硫53断路器（开关）手车至"检修"位，检查手车位置指示器在"检修"位，悬挂标示牌
14	汇报值长，通知检修人员检查处理

四、220V 直流Ⅱ组母线接地

序号	操作步骤
1	查看DCS报警显示"直流Ⅱ段母线接地"，汇报值长
2	就地检查220V直流Ⅱ段母线电压表指示正常，2号充电机电流表指示正常
3	就地查看220V直流Ⅱ段母线绝缘监测装置显示"1号支路＋0.1kΩ"，判断为1号支路正极接地
4	拉开220V直流Ⅱ母线1号支路"108ZPC A柜06柜"断路器（开关）
5	检查220V直流Ⅱ段母线绝缘监测装置显示"1号支路正常"
6	合上220V直流Ⅱ段母线1号支路"108ZPC A柜06柜"断路器（开关）
7	检查220V直流Ⅱ段母线绝缘监测装置再次显示"1号支路 ＋0.1kΩ"，表明220V直流Ⅱ段母线正极接地
8	综上判断为220V直流Ⅱ段母线1号支路"108ZPC A柜06柜"电源正极接地
9	汇报值长，通知检修人员尽快处理

五、220V 直流 Ⅱ 组蓄电池故障

序号	操作步骤
1	查看DCS报警显示"Ⅱ组蓄电池故障",汇报值长
2	就地检查220V直流Ⅱ段母线电压表指示正常,Ⅱ组蓄电池电压表指示低于正常值范围,Ⅱ组蓄电池电流表明显较正常值增大,2号充电机电流表指示明显高于正常值
3	判断为Ⅱ组蓄电池部分蓄电池短路故障,立即汇报值长,准备停用Ⅱ母线蓄电池组
4	拉开Ⅱ母线蓄电池断路器(开关)
5	检查2号充电机电流表指示正常,220V直流Ⅱ段母线电压表指示正常
6	汇报值长,准备直流Ⅰ、Ⅱ段母线并列操作
7	检查Ⅰ组蓄电池及1号充电机运行正常
8	将1号充电机断路器(开关)由"Ⅰ段母线"位置切换至"断开"位置
9	调整2号充电机输出电流使Ⅱ段母线电压略高于Ⅰ段母线
10	合上220V直流母联断路器(开关);检查2号充电机对Ⅰ组蓄电池浮充电,带220V直流Ⅰ、Ⅱ段母线运行正常,汇报值长
11	取下Ⅱ组蓄电池出口保险
12	汇报值长,通知检修处理

六、1号湿式球磨机 A 再循环泵运行中电动机相间短路故障,1号湿式球磨机 B 再循环泵"就地/远方"切在"就地"位

序号	操作步骤
1	检查1号湿式球磨机A再循环泵断路器(开关)跳闸、就地保护"速断"报警,判断设备电气回路短路故障
2	立即启动1号湿式球磨机B再循环泵,发现远方不允许启动,DCS显示"就地控制"亮,汇报值长
3	减少湿式球磨机给料量,调整湿式球磨机水料比,维持湿式球磨机运行
4	就地开关柜切1号湿式球磨机B再循环泵断路器(开关)"就地/远方"至"远方"位
5	远方启动1号湿式球磨机B再循环泵

续表

序号	操作步骤
6	1号湿式球磨机A再循环泵开关由"热备用"转"冷备用"： （1）检查断路器（开关）在"分闸"状态（电流为零，检查分闸指示灯亮，检查位置指示器在"0"）； （2）切断路器（开关）"就地/远方"切换旋钮至"就地"位（"开关柜"位置）； （3）按下断路器（开关）"机械闭锁销子"； （4）摇出断路器（开关）手车至"试验"位；检查断路器（开关）手车位置指示器在"试验"位； （5）拉开开关柜内控制电源断路器（开关）； （6）按下断路器（开关）"机械闭锁销子"； （7）摇出断路器（开关）手车至"检修"位；检查断路器（开关）手车位置指示器在"试验"位
7	测量1号湿式球磨机A再循环泵绝缘
8	将1号湿式球磨机A再循环泵电动机转检修，悬挂标示牌
9	汇报值长，通知检修人员抢修

七、1号滤液水泵断路器（开关）下口（负荷侧）电缆接头处A相单相接地

序号	操作步骤
1	检查故障报警信号，检查滤液水泵跳闸，就地检查开关柜"零序保护"动作；断路器（开关）跳闸，汇报值长
2	检查3号滤液水泵已连锁启动
3	完成1号滤液水泵及管道冲洗工作，完成停泵操作
4	盘动检查1号滤液水泵机械部分是否正常
5	检查1号滤液水泵断路器（开关）在"分闸"状态［电流为零，检查分闸指示灯亮，检查断路器（开关）状态指示在"0"］
6	切1号滤液水泵断路器（开关）"就地/远方"切换旋钮至"就地"位（"开关柜"位置）
7	按下1号滤液水泵断路器（开关）"机械闭锁销子"
8	摇出1号滤液水泵断路器（开关）手车至"试验"位，检查1号滤液水泵断路器（开关）手车位置指示器在"试验"位
9	拉开1号滤液水泵开关柜内控制电源断路器（开关）
10	按下1号滤液水泵断路器（开关）"机械闭锁销子"
11	摇出1号滤液水泵断路器（开关）手车至"检修"位
12	悬挂标示牌
13	汇报值长，通知检修人员抢修

八、1号滤液水泵断路器（开关）下口（负荷侧）电缆接头处A相单相接地，断路器（开关）保护正确动作，断路器（开关）拒动

序号	操作步骤
1	检查报警信号及断路器（开关）状态、电流、电压表计指示，判断故障设备及失电范围，汇报值长
2	开启事故喷淋手动门，投入事故喷淋冲洗系统；检查净烟气温度呈下降趋势
3	申请事故降负荷，根据超排时长及幅值决定停机
4	检查5号脱硫保安段MCC段母线已自动切换至5号机组脱硫保安PC段电源供电，母线电压正常
5	检查脱硫PC A段母线失电；脱硫PC A段母线对应的380V负荷失电跳闸，相对应辅机连锁启动，复位跳闸辅机
6	检查脱硫公用MCC段母线失电；脱硫公用MCC段段母线对应的380V负荷失电跳闸，相对应辅机连锁启动，复位跳闸辅机
7	迅速恢复5号脱硫浆液泵MCC段至6号机保安段供电，尽快启动循泵减速机油泵及风扇运行，然后启动浆液循环泵
8	拉开脱硫PC A段母线至脱硫公用MCC段出线断路器（开关）4硫53断路器（开关）
9	就地检查确认脱硫公用MCC段母线无异常，汇报值长
10	就地拉开脱硫公用MCC段母线1号柜"电源进线（一）至脱硫PC A段"4硫55断路器（开关）
11	就地合上脱硫公用MCC段母线1号柜"电源进线（二）至脱硫PC B段"4硫56断路器（开关）
12	检查4硫54断路器（开关）电流正常，脱硫公用MCC段母线电压正常
13	视脱硫公用MCC段母线受电正常，汇报值长
14	就地检查发现1号滤液水泵断路器（开关）下口（负荷侧）电缆接头处A相单相接地，就地屏"零序保护"动作，断路器（开关）在合闸状态
15	就地断开1号滤液水泵断路器（开关）
16	将1号滤液水泵开关由"热备用"转"冷备用"： （1）检查1号滤液水泵断路器（开关）在"分闸"状态［检查分闸指示灯亮，检查断路器（开关）状态指示在"0"］； （2）切1号滤液水泵断路器（开关）"就地/远方"切换旋钮至"就地"位（"开关柜"位置）； （3）按下1号滤液水泵断路器（开关）"机械闭锁销子"； （4）摇出1号滤液水泵断路器（开关）手车至"试验"位；检查1号滤液水泵断路器（开关）手车位置指示器在"试验"位； （5）拉开1号滤液水泵开关柜内控制电源断路器（开关）
17	全面检查脱硫PC A段母线及其各路负荷确无异常
18	合上6号脱硫变压器低压侧4硫51断路器（开关），对脱硫PC B段送电，检查断路器（开关）电流、母线电压指示正常

序号	操作步骤
19	逐步恢复各跳闸转机至事故前运行状态
20	将5号脱硫保安段MCC段母线恢复正常供电方式： 拉开5号机组保安MCC至脱硫保安MCC段电源断路器（开关），合上脱硫PC段至保安MCC段 4硫57断路器（开关）正常；或合上4硫57断路器（开关），检查5号机组保安MCC段至脱硫保安 MCC段电源断路器（开关）自动分闸
21	恢复5号脱硫浆液泵MCC段至正常方式；启动浆液循环泵减速机油泵运行，然后启动浆液循环泵
22	将脱硫公用 MCC段出线开关母线恢复正常供电方式： （1）合上4硫53断路器（开关），检查4硫53断路器（开关）电流为零； （2）拉开4硫56断路器（开关）； （3）合上4硫55断路器（开关），检查母线电压正常
23	将脱硫公用MCC段各路负荷恢复至切换前状态
24	将1号滤液水泵断路器（开关）由"冷备用"转"检修"： （1）按下1号滤液水泵断路器（开关）"机械闭锁销子"； （2）摇出1号滤液水泵断路器（开关）手车至"检修"位，检查1号滤液水泵断路器（开关）手 车位置指示器在"检修"位； （3）悬挂标示牌
25	汇报值长，通知检修人员抢修

第五节　组合故障试题

以机组满负荷工况下组合故障处理步骤示例，培养学员综合处理事故能力。

一、5A 石灰石浆液泵电气跳闸 +5B 浆液循环泵出口管道大量泄露（60s）+5B 浆液循环泵入口阀卡涩

序号	操作步骤
1	DCS光字牌发出"5A石灰石浆液泵跳闸""石灰石浆液系统事故跳闸"声光报警
2	检查5A石灰石浆液泵停运状态，电流为零；5A石灰石浆液泵出口门关闭
3	检查5B石灰石浆液泵无检修，DCS状态正常，无报警；就地检查外观正常，盘动正常，具备启动条件
4	冲洗5B石灰石浆液泵泵体及入口管道；冲洗后启动5B石灰石浆液泵，观察启动电流返回正常

序号	操作步骤
5	检查5B石灰石浆液泵出口电动门连锁开启，观察运行电流正常，出口压力正常；就地测量5B石灰石浆液泵振动正常，无异音，温升、温度正常
6	根据运行工况，调整供浆量
7	DCS光字牌发出"出口SO$_2$超标"声光报警信号
8	查看DCS画面，吸收塔液位急剧下降；5B浆液循环泵电流异常增大
9	判断吸收塔5B浆液循环泵出口管泄漏
10	紧急停运故障5B浆液循环泵，关闭入口电动门
11	DCS光字牌发出"5B浆液循环系统电动阀故障"声光报警信号
12	检查发现5B浆液循环泵入口电动门卡涩
13	就地关闭5B浆液循环泵入口电动门
14	检查吸收塔液位保持稳定
15	启动除雾器冲洗程控逻辑，及时补水，提升吸收塔液位
16	汇报值长，启动5A浆液循环泵
17	检查5A浆液循环泵无检修，启动条件满足；检查DCS画面5A浆液循环泵、减速机油泵及电动门状态正常，已受电，无异常报警
18	就地检查5A浆液循环泵外观良好，轴封水投入，回水正常，泵轴承室油位正常，减速机油位正常
19	启动5A浆液循环泵减速机油泵，检查油压低信号消失，就地检查无漏油现象
20	确认5A浆液循环泵冲洗电动门在关闭位置；确认5A浆液循环泵排净电动门在关闭位置；打开5A浆液循环泵进口电动门
21	启动5A浆液循环泵，电流返回正常
22	就地测量5A浆液循环泵、减速机及电机振动、温度、声音正常
23	DCS画面观察5A浆液循环泵电机轴承温度、电机定子温度、泵轴承温度正常
24	停运5B浆液循环泵减速机油泵；检查吸收塔地坑液位不高
25	打开5B浆液循环泵排净电动门，排净管道积浆，关闭排放阀；打开5B浆液循环泵冲洗水电动门，进行冲洗，冲洗后关闭冲洗水电动门；打开5B浆液循环泵排净电动门，排净完毕后关闭
26	在DCS画面5B浆液循环泵操作面板上挂"禁操"
27	复位5A石灰石浆液泵跳闸报警，无法复位，操作面板挂"禁操"
28	对5A石灰石浆液泵及入口管道进行冲洗；冲洗后打开5A石灰石浆液泵排净门，排净后关闭
29	汇报值长，申请派监护人执行5A石灰石浆液泵停电操作

序号	操作步骤
30	就地核对开关柜双重编号无误，检查5A石灰石浆液泵"速断"报警；切5A石灰石浆液泵"就地/远方"切换旋钮至"就地"位；复位5A石灰石浆液泵断路器（开关）把手，检查5A石灰石浆液泵断路器（开关）把手在"分闸"位；将5A石灰石浆液泵断路器（开关）闭锁把手旋转至"试验"位；将5A石灰石浆液泵断路器（开关）闭锁把手旋转至"移动"位；拉出5A石灰石浆液泵断路器（开关）抽屉柜；将5A石灰石浆液泵断路器（开关）闭锁把手旋转至"抽出闭锁"位；在5A石灰石浆液泵断路器（开关）闭锁把手挂"禁止合闸，有人工作"标示牌
31	汇报值长，联系检修处理，做好无备用泵的事故预想
32	汇报操作完毕

二、吸收塔浆液中毒＋吸收塔 pH 计指示高（冲洗水门误开）++ 除雾器二级 3 号门故障（60s）

序号	处理步骤及要求
1	DCS光字牌发"5号入口原烟气入口粉尘浓度高"报警
2	检查盘面发现：原烟气粉尘浓度报警、pH报警、真空泵电流、负压偏高，滤饼厚度降低
3	检查盘面发现吸收塔密度显示水密度，就地查看pH计冲洗水门在开启状态，关闭吸收塔密度计冲洗手动门，密度恢复正常
4	增大供浆，pH值仍无变化，出口SO_2浓度超排
5	根据脱硫效率、吸收塔浆液pH值、出口SO_2浓度及入口尘含量等参数异常，判断吸收塔浆液中毒
6	启动备用浆液循环泵，检查5A浆液循环泵无检修，启动条件满足
7	汇报值长，启动5A浆液循环泵
8	启动后就地测量5A浆液循环泵、减速机及电机振动、温度、声音正常
9	DCS画面观察5A浆液循环泵电机轴承温度、电机定子温度、泵轴承温度正常
10	汇报值长，申请降负荷，并要求调整电除尘运行工况至最佳
11	吸收塔地坑加入石粉，并启动吸收塔地坑泵将其尽快打入吸收塔内
12	DCS画面发出5号除雾器系统冲洗阀故障报警
13	DCS画面检查时发现除雾器二级下3号门处于"黄闪"状态，DCS无法关闭
14	就地关闭除雾器二级下3号门，DCS画面将除雾器二级下3号门挂"禁操"，通知检修处理
15	停运石膏排出泵，对泵体和管道冲洗后排空
16	停运真空泵，真空皮带脱水机转速调至10%~20%额定转速，滤布冲洗干净，停运真空皮带脱水机，停滤布冲洗水泵
17	检查事故浆液箱满足倒浆条件，就地导通石膏排出泵至事故浆液箱手动门，关闭石膏排出泵至旋流器手动门，启动石膏排出泵，开始倒浆

续表

序号	处理步骤及要求
18	加强除雾器冲洗，置换吸收塔内浆液
19	pH值5.0以上停止向吸收塔地坑加入催化剂及石粉
20	经浆液置换，脱硫效率逐步恢复，汇报值长，根据逐步恢复机组负荷
21	记录超排时间
22	汇报操作完毕

三、1号湿式球磨机电气故障+（延时60s）供浆管路密度计堵塞/冲洗后恢复

序号	处理步骤
1	DCS光子牌发出"1号湿式球磨机跳闸""1号称重给料机跳闸"声光报警
2	复位跳闸转机，无法复位，在操作面板挂"禁操"
3	将石灰石浆液箱2号电动推杆打至石灰石浆液箱位置，石灰石浆液分配箱1号电动推杆推至石灰石浆液箱位置；关闭磨头补水电动门，关闭再循环箱补水电动门；停止湿式球磨机再循环泵，并对泵体及管道进行冲洗
4	停止1号湿式球磨机减速机油泵、喷射油系统、低压油系统
5	汇报值长，准备启动备用湿式球磨机
6	检查2号湿式球磨机无检修，设备已送电，DCS状态正常，具备启动条件；就地外观检查良好，油质油位正常
7	就地检查开启湿式球磨机冷却水系统
8	就地检查开启湿式球磨机系统冷却水进水手动总门、冷却水回水手动总门、选择开启（湿式球磨机冷却水回水至石灰石浆液箱手动门、湿式球磨机冷却水回水至工艺水箱手动门、湿式球磨机冷却水回水至再循环箱手动门）任一；开启前瓦冷却水进水手动门、后瓦冷却水进水手动门；检查开启减速机油站冷油器进水手动门、减速机油站冷油器回水手动门；检查开启高低压油站冷却器电动调节门进口手动门、高低压油站冷却器进水电动门、高低压油站冷却器电动调节门出口手动门
9	就地检查导通湿式球磨机油系统
10	就地检查开启湿式球磨机系统低压油泵出口手动门、低压油泵过滤器检查开通一组；检查开启湿式球磨机1号高压油泵进口手动门、湿式球磨机1号高压油泵出口手动门、湿式球磨机2号高压油泵进口手动门、湿式球磨机2号高压油泵出口手动门；检查开启湿式球磨机高低压油站供油手动总门、湿式球磨机低压油1号供油手动门、湿式球磨机低压油2号供油手动门；检查开启减速机油站油过滤器出口手动门、减速机油站冷油器进油手动门、减速机油站冷油器出油手动门、减速机油站至减速机手动门；检查开启湿式球磨机齿轮喷射润滑油站空气压缩机电磁阀、湿式球磨机齿轮喷射润滑油站空气压缩机减压阀
11	就地检查开启湿式球磨机石灰石浆液系统手动阀

序号	处理步骤
12	检查开启湿式球磨机进水电动调节门进口手动门、湿式球磨机进水电动调节门出口手动门；检查开启湿式球磨机再循环箱进水电动调节门进口手动门、湿式球磨机再循环箱进水电动调节门出口手动门；检查开启湿式球磨机再循环石灰石浆液主路手动门、湿式球磨机再循环石灰石浆液密度计进口手动门、湿式球磨机再循环石灰石浆液密度计出口手动门；检查投运3支石灰石旋流器
13	启动湿式球磨机减速机油泵，检查振动、声音正常；检查湿式球磨机减速机油系统各管路畅通，无泄漏，回油正常
14	启动湿式球磨机喷射油泵，检查振动、声音正常；通过大小齿轮观察孔检查喷油均匀，喷头无堵塞
15	启动湿式球磨机低压油泵，观察出口压力，油压低信号消失，"油压正常"指示灯亮，振动、声音、湿式球磨机各瓦油流、回油正常
16	启动湿式球磨机高压油泵，确认高压油泵出口压力"油压正常"指示灯亮，振动、声音正常，并注意大轴顶起，油压释放
17	检查湿式球磨机高/低压油系统各管路畅通，无泄漏，回油正常；通过前后瓦观察孔检查前后大瓦喷油均匀及大瓦油膜形成完整
18	将石灰石浆液分配箱1号电动推杆打至再循环箱位置，2号电动推杆打至再循环箱位置；检查启动湿式球磨机再循环箱搅拌器，正常后投入连锁
19	检查关闭再循环泵出口阀；开启再循环泵冲洗水阀；开启再循环泵进口阀；关闭再循环泵冲洗水阀；启动湿式球磨机再循环泵，检查再循环泵出口阀连锁开启，否则手动打开；检查再循环泵的出口压力正常及密度计无堵塞，泵体振动正常，且无异响，轴承温度温升正常
20	调整石灰石旋流器压力正常；调整研磨水流量合适
21	当DCS画面出现允许湿式球磨机启动信号时，启动湿式球磨机，检查电流、大瓦温升正常、振动、声音正常；延时启动称重给料机；检查称重给料机下料口是否堵塞，调整给料量
22	将石灰石浆液分配箱2号电动推杆推至磨机头。根据再循环出口母管密度调整水料比；再循环出口母管密度达到1350kg/m³以上时，将石灰石浆液分配箱1号电动推杆推至石灰石浆液箱，并投入连锁
23	现场观察湿式球磨机系统水路进水回水正常，油路的进油回油正常，油压油温正常，无漏油、漏浆现象
24	DCS画面检查供浆密度偏高，母管压力正常，供浆流量正常，5A石灰石浆液泵电流正常
25	判断为供浆密度计堵塞或故障
26	加大供浆量，提高pH值；停运5A石灰石浆液泵，关闭入口电动门，开冲洗水电动门和出口电动门，对出口母管进行冲洗；检查密度计指示下降至工艺水的密度，恢复正常；停止冲洗，恢复5A石灰石浆液泵运行；检查供浆密度、母管压力、供浆流量均正常
27	就地核对1号湿式球磨机断路器（开关）双重编号正确无误
28	就地检查1号湿式球磨机电源断路器（开关）发"速断"报警信号
29	汇报值长，申请派监护人执行1号湿式球磨机停电操作

序号	处理步骤
30	将1号湿式球磨机断路器（开关）由"热备用"转"检修"
31	切1号湿式球磨机断路器（开关）"就地/远方"切换旋钮至"就地"位
32	检查1号湿式球磨机断路器（开关）在"分闸"位［就地接线图断路器（开关）绿灯亮，分闸指示灯亮，断路器（开关）状态指示"0"］
33	摇出1号湿式球磨机断路器（开关）至"试验"位，检查1号湿式球磨机断路器（开关）在"试验"位，一次侧插头绿灯亮
34	打开1号湿式球磨机断路器（开关）控制柜门；断开1号湿式球磨机断路器（开关）控制柜内直流电源空气断路器；断开1号湿式球磨机断路器（开关）控制柜内交流电源空气断路器；关闭1号湿式球磨机断路器（开关）控制柜门；检查1号湿式球磨机开关柜所有指示灯及综保状态消失；解除1号湿式球磨机断路器（开关）本体柜门误闭锁锁具；打开1号湿式球磨机断路器（开关）本体柜门；取下1号湿式球磨机断路器（开关）二次侧插头；摇出1号湿式球磨机手车式断路器（开关）至"检修"位；关闭1号湿式球磨机断路器（开关）本体柜门；装上1号湿式球磨机开关柜防误闭锁锁具；验明三相无电压，合上1号湿式球磨机断路器（开关）接地刀闸
35	检查1号湿式球磨机断路器（开关）接地刀闸状态指示器在"合闸"位，检查1号湿式球磨机断路器（开关）接地刀闸三相均在合闸位
36	在1号湿式球磨机开关柜门上挂"禁止合闸，有人工作"，在1号湿式球磨机开关柜处设置遮栏
37	汇报值长，联系检修处理
38	汇报操作完毕

四、A 氧化风机出口门前漏风 + 氧化空气管路部分堵塞 + 入炉煤硫份超脱硫系统设计值 + 吸收塔供浆母管流量计后泄漏 + 滤液水箱搅拌器跳闸

序号	处理步骤
1	DCS光字牌发出"吸收塔进口SO$_2$超设计值"报警，根据脱硫效率、吸收塔pH值等参数变化判断入炉煤硫份超脱硫系统设计值
2	汇报值长，要求配煤掺烧，控制入口硫分
3	DCS光字牌发出"出口SO$_2$超标"报警
4	加大石灰石浆液量调整门开度，加强供浆，发现供浆流量异常增大
5	调节石灰石浆液调节门开度，流量基本不随调门变化，判断吸收塔供浆母管流量计后泄漏
6	就地在吸收塔地坑投放催化剂、石粉，启动地坑泵，尽快打入吸收塔
7	申请值长减负荷

续表

序号	处理步骤
8	检查DCS画面5A浆液循环泵启动条件满足、减速机油泵及电动门状态正常，已受电，无异常报警
9	就地检查5A浆液循环泵外观良好，轴封水投入，回水正常，泵轴承室油位正常，减速机油位正常
10	启动5A浆液循环泵减速机油泵，检查油压低信号消失，就地检查无漏油现象，确认5A浆液循环泵冲洗电动门、排净电动门在关闭位置，开启5A浆液循环泵进口电动门
11	汇报值长，启动5A浆液循环泵，电流返回正常
12	启动后就地测量5A浆液循环泵、减速机及电机振动、温度、声音正常
13	DCS画面观察5A浆液循环泵电机轴承温度、电机定子温度、泵轴承温度正常
14	加强除雾器冲洗
15	停运石灰石浆液泵，冲洗排空
16	汇报值长，根据出口SO_2情况逐步恢复机组负荷
17	记录超排时间
18	DCS光字牌发出"滤液水箱搅拌器跳闸"报警
19	检查滤液水箱搅拌器确已停运，解除滤液水箱搅拌器连锁
20	复位跳闸转机，无法复位，滤液水箱搅拌器操作面板挂"禁操"
21	停运石膏排出泵，冲洗泵及管道，停运真空泵，将真空皮带脱水机转速调至10%~20%额定转速，滤布冲洗干净，停运真空皮带脱水机，解除滤布冲洗水泵连锁，停运滤布冲洗水泵
22	停运废水旋流器给料泵，并冲洗泵及管道
23	解除1号、2号滤液水泵连锁，停运滤液水泵，并冲洗泵及管道
24	停运脱水区排水坑泵，解除连锁，挂"禁操"
25	隔绝滤液水箱所有来水，开启底部排放阀，排净积浆
26	滤液水箱搅拌器开关转冷备用
27	DCS显示5A氧化风机电流异常、氧化风母管流量降低
28	判断5A氧化风机出口门前漏风
29	汇报值长，停运故障5A氧化风机，启动备用5B氧化风机
30	DCS显示氧化风母管流量上升，压力高，判断为氧化风出口管道堵塞
31	依次关闭氧化风支路阀门，观察氧化风母管压力变化，判断确认堵塞支路（**氧化风2、3、4支路堵塞**）

续表

序号	处理步骤
32	对堵塞氧化风风管支路关闭进口手动门，开启冲洗水门，进行冲洗
33	DCS检查氧化风机电流、氧化风母管压力、氧化风流量恢复正常值，DCS光字牌"去5氧化空气压力报警"消失
34	汇报值长，5A氧化风机隔离，开关转冷备用，联系检修处理
35	做好供浆长时间中断的事故预想
36	汇报操作完毕

五、浆液循环泵C电气故障 + 工艺水母管泄露（80%）+1号工艺水泵入口堵塞 + 吸收塔浆液起泡

序号	处理步骤
1	DCS光字牌发出"5C浆液循环泵跳闸""5号机组净烟气SO$_2$超排""工艺水母管压力低"报警
2	加大石灰石浆液调整门开度，加强供浆
3	检查DCS画面5C浆液循环泵电流到零、就地检查5C浆液循环泵确已停运，确认5C浆液循环泵跳闸
4	停运5D浆液循环泵减速机油泵；关闭5D浆液循环泵进口电动门；打开5D浆液循环泵排净电动门，排净管道积浆，由于工艺水母管压力低，暂不进行冲洗
5	检查DCS画面5A浆液循环泵启动条件满足，无异常报警；就地检查5A浆液循环泵外观良好，轴封水投入正常，各部油位正常；启动5A浆液循环泵减速机油泵，检查油压低信号消失，确认5A浆液循环泵冲洗电动门、排净电动门在关闭位置，开启5A浆液循环泵进口电动门；汇报值长，启动5A浆液循环泵，电流返回正常
6	启动后就地测量5A浆液循环泵、减速机及电机振动、温度、声音正常；DCS画面观察5A浆液循环泵电机轴承温度、电机定子温度、泵轴承温度正常
7	检查5号机组净烟气SO$_2$达标排放，汇报值长，记录超排时间
8	检查DCS画面，发现工艺水箱补水电动门已打开，工艺水箱液位下降较快，工艺水母管压力低
9	就地打开电厂工业废水补水门，增大工艺水箱补水
10	立即紧急启动3号工艺水泵
11	启动3号工艺水泵后，发现母管压力上升，工艺水箱液位下降加快
12	检查事故喷淋等系统无新增用水点，判断为工艺水泵母管泄漏
13	严密监视各设备温度，保证设备正常运行，减少用水
14	停运除雾器冲洗水

序号	处理步骤
15	停运称重给料机；关闭湿式球磨机再循环箱补水调节门，关闭湿式球磨机补水调节阀，将石灰石浆液箱2号电动推杆打至再循环箱位置，将1号电动推杆打至石灰石浆液箱位置，停运湿式球磨机再循环泵，管道排空，启动湿式球磨机高压油泵；确认湿式球磨机内物料明显减少，湿式球磨机电流已下降1A左右；停运湿式球磨机
16	停用脱水系统，关闭真空泵进水总门
17	监视工艺水箱液位回升，汇报值长，尽快处理工艺水泵母管泄漏
18	根据工艺水箱液位情况，决定是否冲洗5C浆液循环泵
19	DCS光字牌发出"5号吸收塔中部液位高"报警
20	检查DCS画面，发现吸收塔底部液位正常，中部液位快速上升
21	吸收塔原烟气温度下降，有进浆迹象；汇报值长，注意引风机工况，必要时进行疏水
22	检查DCS画面，发现吸收塔排水坑泵已自启，电流偏低；就地在吸收塔排水坑添加消泡剂；检查吸收塔中部液位下降正常后，原烟气温度恢复正常，停止消泡剂加入
23	就地核对5C浆液循环泵断路器（开关）双重编号正确无误
24	就地检查5C浆液循环泵电源断路器（开关）"速断"报警信号
25	汇报值长，申请派监护人执行5C浆液循环泵停电操作
26	将5C浆液循环泵断路器（开关）由"热备用"转"检修"
27	检查5C浆液循环泵电机DCS运行状态在停备，电流为零；切5C浆液循环泵断路器（开关）"就地/远方"切换旋钮至"就地"位；检查5C浆液循环泵断路器（开关）在"分闸"位［就地接线图开关绿灯亮，分闸指示灯亮，断路器（开关）状态指示"0"］
28	摇出5C浆液循环泵断路器（开关）至"试验"位，检查5C浆液循环泵断路器（开关）在"试验"位，一次侧插头绿灯亮
29	打开5C浆液循环泵断路器（开关）控制柜门；断开5C浆液循环泵断路器（开关）控制柜内直流电源空气断路器；断开5C浆液循环泵断路器（开关）控制柜内交流电源空气断路器；关闭5C浆液循环泵断路器（开关）控制柜门；检查5C浆液循环泵开关柜所有指示灯及综保状态消失；解除5C浆液循环泵断路器（开关）本体柜防误闭锁锁具；打开5C浆液循环泵断路器（开关）本体柜门；取下5C浆液循环泵断路器（开关）二次侧插头
30	摇出5C浆液循环泵手车式断路器（开关）至"检修"位；关闭5C浆液循环泵断路器（开关）本体柜门；装上5C浆液循环泵开关柜防误闭锁锁具；验明三相无电压，合上5C浆液循环泵断路器（开关）接地刀闸
31	检查5C浆液循环泵断路器（开关）接地刀闸状态指示器在"合闸"位，检查5C浆液循环泵断路器（开关）接地刀闸三相均在"合闸"位
32	在5C浆液循环泵开关柜门上挂"禁止合闸，有人工作"，在5C浆液循环泵开关柜处设置遮栏
33	汇报值长，联系检修处理，做好吸收塔无备用浆液循环泵的事故预想
34	汇报值长，若工艺水母管泄漏短时无法处理，做好机组减负荷事故预想
35	汇报操作完毕

六、中和箱搅拌器跳闸 +（延时 60s）工艺水母管泄漏（0~100）

序号	处理步骤
1	DCS光字牌发出"中和箱搅拌器跳闸"声光报警信号
2	复位跳闸转机，复位正常
3	就地配电室检查中和箱搅拌器开关柜无报警；就地检查搅拌器无异常，盘转正常，判断为搅拌器误跳
4	启动中和箱搅拌器；检查中和箱搅拌器运行正常
5	DCS光字牌发出"工艺水泵出口压力低"声光报警信号
6	检查DCS画面，发现工艺水箱补水电动门已打开，工艺水箱液位下降较快；就地打开电厂工业废水补水门，增大工艺水箱补水；立即紧急启动3号工艺水泵
7	启动3号工艺水泵后，发现母管压力上升但仍较低，工艺水箱液位下降加快；（**教练员工艺水箱加速10倍，液位下降**）检查除雾水系统、事故喷淋等系统无新增用水点；判断为工艺水泵母管泄漏
8	严密监视各设备温度，保证设备正常运行；严密监视工艺水箱液位，减少用水，停运除雾器冲洗水，停止制浆系统
9	汇报值长，停止1号湿式球磨机系统
10	停运称重给料机；关闭湿式球磨机再循环箱补水调节门，关闭湿式球磨机补水调节阀；将石灰石浆液箱2号电动推杆打至再循环箱位置，将1号电动推杆打至石灰石浆液箱位置，停运湿式球磨机再循环泵，管道排空；启动湿式球磨机高压油泵；确认湿式球磨机内物料明显减少，湿式球磨机电流已下降1A左右；停运湿式球磨机
11	停用脱水系统，关闭真空泵进水总门
12	汇报值长，若短时无法处理，做好停机准备
13	汇报操作完毕

七、A 事故浆液泵跳闸 +（延时 60s）1 号石灰石仓下料管堵 + 浆液循环泵 D 电气故障

序号	处理步骤
1	DCS光字牌发出"A事故浆液系统事故跳闸""A事故浆液泵跳闸"声光报警
2	检查A事故浆液泵停运状态；复位跳闸转机，无法复位，操作面板挂"禁操"
3	就地检查A事故浆液泵开关柜无报警；就地关闭A事故浆液泵出口门；对A事故浆液泵及入口管道进行冲洗
4	DCS光字牌发出"5D浆液循环泵跳闸"声光报警信号

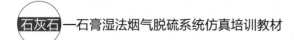

续表

序号	处理步骤
5	检查DCS画面5D浆液循环泵电流到零、就地检查5D浆液循环泵确已停运，确认5D浆液循环泵跳闸
6	出口SO_2浓度上升，调整供浆量
7	检查5A浆液循环泵无检修；检查DCS画面5A浆液循环泵、减速机油泵及电动门状态正常，已受电，无异常报警
8	就地检查5A浆液循环泵外观良好，轴封水投入，回水正常，泵轴承室油位正常，减速机油位正常
9	启动5A浆液循环泵减速机油泵，检查油压低信号消失，就地检查无漏油现象
10	确认5A浆液循环泵冲洗电动门在关闭位置；确认5A浆液循环泵排净电动门在关闭位置；打开5A浆液循环泵进口电动门
11	汇报值长，启动5A浆液循环泵，电流返回正常
12	启动后就地测量5A浆液循环泵、减速机及电机振动、温度、声音正常
13	DCS画面观察5A浆液循环泵电机轴承温度、电机定子温度、泵轴承温度正常
14	根据出口SO_2浓度调整供浆量
15	就地检查5D浆液循环泵电源开关发"速断"报警信号
16	检查吸收塔地坑液位不高；停运5D浆液循环泵减速机油泵；关闭5D浆液循环泵进口电动门；打开5D浆液循环泵排净电动门，排净管道积浆，关闭排放阀；打开5D浆液循环泵冲洗水电动门，进行冲洗，冲洗后关闭冲洗水电动门；打开5D浆液循环泵排净电动门，排净完毕后关闭
17	DCS画面发出"1号称重给料机断料"声光报警
18	DCS检查1号称重给料机运行正常，给料量为零
19	调整水量保证制浆密度正常
20	就地检查石灰石仓1号手动门误关；就地开启石灰石仓1号手动门
21	检查称重给料机下料情况，若无料则开启石灰石仓1号振打器；检查1号称重给料机料量逐渐恢复正常；根据制浆密度调整磨机补水和再循环箱补水
22	确认B事故浆液泵无检修，DCS状态正常，无报警；就地检查外观正常，盘动正常，具备启动条件
23	就地开启B事故浆液泵入口门，开启冲洗水门对泵体及入口管道；启动B事故浆液泵，开启出口门，观察运行正常
24	就地检查B事故浆液泵振动正常，无异音，温升、温度正常；联系检修对A事故浆液泵进行处理
25	汇报值长，申请监护5D浆液循环泵停电操作
26	就地核对5D浆液循环泵断路器（开关）双重编号正确无误
27	将5D浆液循环泵断路器（开关）由"热备用"转"检修"

续表

序号	处理步骤
28	检查5D浆液循环泵电机DCS运行状态在停备，电流为零；切5D浆液循环泵断路器（开关）"就地/远方"切换旋钮至"就地"位；检查5D浆液循环泵断路器（开关）在"分闸"位［就地接线图断路器（开关）绿灯亮，分闸指示灯亮，断路器（开关）状态指示"0"］
29	摇出5D浆液循环泵断路器（开关）至"试验"位，检查5D浆液循环泵断路器（开关）在"试验"位，一次侧插头绿灯亮
30	打开5D浆液循环泵断路器（开关）控制柜门；断开5D浆液循环泵断路器（开关）控制柜内直流电源空气断路器；断开5D浆液循环泵断路器（开关）控制柜内交流电源空气断路器；关闭5D浆液循环泵断路器（开关）控制柜门；检查5D浆液循环泵开关柜所有指示灯及综保状态消失；解除5D浆液循环泵断路器（开关）本体柜防误闭锁锁具；打开5D浆液循环泵断路器（开关）本体柜门；取下5D浆液循环泵断路器（开关）二次插头
31	摇出5D浆液循环泵手车式断路器（开关）至"检修"位；关闭5D浆液循环泵断路器（开关）本体柜门；装上5D浆液循环泵开关柜防误闭锁锁具；严明三相无电压，合上5D浆液循环泵断路器（开关）接地刀闸
32	检查5D浆液循环泵断路器（开关）接地刀闸状态指示器在"合闸"位，检查5D浆液循环泵断路器（开关）接地刀闸三相均在"合闸"位
33	在5D浆液循环泵开关柜门上挂"禁止合闸，有人工作"，在5D浆液循环泵开关柜处设置遮栏
34	汇报值长，联系检修处理
35	汇报操作完毕

八、1号湿式球磨机低压油泵跳闸 +（延时 60s）吸收塔底部排放门误开 +A 吸收塔排水坑泵堵塞

序号	处理步骤
1	DCS光子牌发出"1号湿式球磨机稀油站低压供油口压力低""1号湿式球磨机低压油泵跳闸""1号湿式球磨机跳闸""1号称重给料机跳闸声光报警"
2	1号湿式球磨机跳闸，电流到零，高压油系统联动运行；1号称重给料机跳闸，给料量到零
3	将石灰石浆液箱2号电动推杆打至石灰石浆液箱位置，石灰石浆液分配箱1号电动推杆推至石灰石浆液箱位置；关闭磨头补水电动门；降低再循环浆液箱密度，关闭再循环箱补水电动门；停止湿式球磨机再循环泵，并对泵体及管道进行冲洗
4	停止1号湿式球磨机减速机油泵、喷射油系统
5	DCS发出"5号吸收塔排水坑液位高"声光报警
6	翻阅DCS画面发现5A吸收塔排水坑泵电流低于正常值
7	就地检查，发现吸收塔底部排放门开启，立即关闭

续表

序号	处理步骤
8	检查吸收塔液位停止下降，吸收塔地坑液位缓慢下降
9	判断为吸收塔底部排放门误开
10	投运除雾器冲洗，补充吸收塔液位
11	翻阅DCS画面发现5A吸收塔排水坑泵电流较低
12	对5A吸收塔排水坑泵停运进行冲洗，再次启动，电流仍小，液位不下降，停运5A吸收塔排水坑泵并冲洗
13	启动5B吸收塔排水坑泵，电流正常，液位下降
14	判断为5A吸收塔排水坑泵入口堵塞或出力下降
15	准备启动备用湿式球磨机
16	检查2号湿式球磨机无检修，设备已送电，DCS状态正常，具备启动条件；就地外观检查良好，油质油位正常
17	就地检查开启湿式球磨机冷却水系统： 就地检查开启湿式球磨机系统冷却水进水手动总门、冷却水回水手动总门、选择开启（湿式球磨机冷却水回水至石灰石浆液箱手动门、湿式球磨机冷却水回水至工艺水箱手动门、湿式球磨机冷却水回水至再循环箱手动门）任一；开启前瓦冷却水进水手动门、后瓦冷却水进水手动门；检查开启减速机油站冷油器进水手动门、减速机油站冷油器回水手动门；检查开启高低压油站冷却器电动调节门进口手动门、高低压油站冷却器进水电动门、高低压油站冷却器电动调节门出口手动门
18	就地检查导通湿式球磨机油系统： 就地检查开启湿式球磨机系统低压油泵出口手动门、低压油泵过滤器检查开通一组；检查开启湿式球磨机1号高压油泵进口手动门、湿式球磨机1号高压油泵出口手动门、湿式球磨机2号高压油泵进口手动门、湿式球磨机2号高压油泵出口手动门；检查开启湿式球磨机高低压油站供油手动总门、湿式球磨机低压油1号供油手动门、湿式球磨机低压油2号供油手动门；检查开启减速机油站油过滤器出口手动门、减速机油站冷油器进油手动门、减速机油站冷油器出油手动门、减速机油站至减速机手动门；检查开启湿式球磨机齿轮喷射润滑油站空气压缩机电磁阀、湿式球磨机齿轮喷射润滑油站空气压缩机减压阀
19	就地检查开启湿式球磨机石灰石浆液系统手动阀： 检查开启湿式球磨机进水电动调节门进口手动门、湿式球磨机进水电动调节门出口手动门；检查开启湿式球磨机再循环箱进水电动调节门进口手动门、湿式球磨机再循环箱进水电动调节门出口手动门；检查开启湿式球磨机再循环石灰石浆液主路手动门、湿式球磨机再循环石灰石浆液密度计进口手动门、湿式球磨机再循环石灰石浆液密度计出口手动门；检查投运3支石灰石旋流器
20	启动湿式球磨机减速机油泵，检查振动、声音正常；检查湿式球磨机减速机油系统各管路畅通，无泄漏，回油正常
21	启动湿式球磨机喷射油泵，检查振动、声音正常；通过大小齿轮观察孔检查喷油均匀，喷头无堵塞
22	启动湿式球磨机低压油泵，观察出口压力，油压低信号消失，"油压正常"指示灯亮，振动、声音、湿式球磨机各瓦油流、回油正常

序号	处理步骤
23	启动湿式球磨机高压油泵，确认高压油泵出口压力"油压正常"指示灯亮，振动、声音正常，并注意大轴顶起，油压释放
24	检查湿式球磨机高/低压油系统各管路畅通，无泄漏，回油正常；通过前后瓦观察孔检查前后大瓦喷油均匀及大瓦油膜形成完整
25	将石灰石浆液分配箱1号电动推杆打至再循环箱位置，2号电动推杆打至再循环箱位置；检查启动湿式球磨机再循环箱搅拌器，正常后投入连锁
26	启动再循环泵系统；检查再循环泵的出口压力正常及密度计无堵塞，泵体振动正常，且无异响，轴承温度温升正常
27	调整石灰石旋流器压力正常；调整磨头补水流量合适
28	汇报值长，当DCS画面出现允许湿式球磨机启动信号时，启动湿式球磨机，检查电流、大瓦温升正常、振动、声音正常；延时启动称重给料机；检查称重给料机下料口是否堵塞，调整给料量
29	将石灰石浆液分配箱2号电动推杆推至磨机头，根据再循环出口母管密度调整水料比；再循环出口母管密度达到1350kg/m³以上时，将石灰石浆液分配箱1号电动推杆推至石灰石浆液箱，并投入连锁
30	现场观察湿式球磨机系统水路进水回水正常、油路的进油回油正常、油压油温正常、有无漏油、漏浆现象
31	汇报值长，联系检修处理1号湿式球磨机低压油泵跳闸和A吸收塔排水坑泵堵塞问题
32	汇报操作完毕

参考文献

[1] 孙岩松，张斌 . 基于先进虚拟 DCS 技术的火电厂仿真系统简介 [J]. 华东电力，2007，35（7）：83-85.

[2] 单业余，王兵树，马永光，等 . STAR-90 一体化仿真支撑系统 [J]. 中国电力，1991（7）：49-50.

[3] 张家琛 . 火电厂仿真 [M]. 水利电力出版社，1994.

[4] 国家环境保护总局 . 火电厂烟气脱硫工程技术规范：石灰石 / 石灰 – 石膏法 . HJ/T 179-2005[M]. 北京：中国环境科学出版社，2005.

[5] 周至祥，段建中，薛建明 . 火电厂湿法烟气脱硫技术手册 [M]. 北京：中国电力出版社，2006.

[6] 朱国宇 . 脱硫运行技术问答 1100 题 [M]. 北京：中国电力出版社，2015.

[7] 徐铮，孙建峰，刘佳 . 火电厂脱硫运行与故障排除 [M]. 北京：化学工业出版社，2015.

[8] 中国环境科学研究院 . GB 13223—2011，火电厂大气污染物排放标准 [M]. 北京：中国环境科学出版社，2012.

[9] 曾庭华 . 火电厂无旁路湿法烟气脱硫技术 [M]. 北京：中国电力出版社，2013.

[10] 大唐环境产业集团股份有限公司 . 脱硫技术问答 [M]. 北京：中国电力出版社，2018.